JN098890

日本の電力システムの歴史的分析

脱原発・脱炭素社会を見据えて

中瀬哲史 ［著］
NAKASE Akifumi

中央経済社

ま　え　が　き

　2015年のパリ協定において先進国，後発国は，世界の平均気温上昇を産業革命以前に比べて 2 ℃より十分低く保ち，1.5℃に抑える努力をすることに合意し，国連総会において国連加盟国193カ国すべてが持続可能な開発目標SDGs（Sustainable Development Goals）に賛同した。世界各国とともに日本においても，東京電力福島第一原子力発電所事故（以下，東電福島原発事故と略す）以後にFIT（固定価格買取制度）を導入して，最近その開発に問題点があると指摘される再生可能エネルギー，特に「変動性再生可能エネルギー」（Variable Renewable Energy :VRE）とされる太陽光発電，風力発電の開発が急進展した。

　しかし，2023年 7 月は，世界各地で歴史上最も暑い月になったという。国連アントニオ・グテーレス事務総長はもはや「地球温暖化」ではなく「地球沸騰化」の時代になったと発言した。こうした「沸騰化」のためか，山火事が頻発しているという。「山火事被害　20年で倍」『朝日新聞』2023年 9 月17日朝刊では，「悪化につながる要因として，WRI（筆者注：世界資源研究所，本部・ワシントン）は地球温暖化をあげる。森林火災の発火の直接の原因は落雷や火の不始末など様々だが，高温と乾燥した気候だと自然鎮火しにくく，燃え広がりやすくなっている。国連環境計画は，山火事が大規模になるリスクは30年までに14％，50年までに30％増加するとした」と報じた。片や，スロベニアでは記録的な豪雨となって国土の約 3 分の 2 が被害を受けているという。日本でも2023年の夏は大変な暑さだとされた。「沸騰化」がもたらした異常気象だと考えられるという。脱炭素が大きな課題である。

　他方で，日本では，2011（平成23）年 3 月11日の東日本大震災時に，東電福島原発事故という過酷事故が起こった。現在のところ，東電福島原発事故に関して提出された報告書において，日本政府のそれでは，東電，資源エネルギー庁関係者に対する聞き取りから，巨大津波の可能性に気がつきながら，「来ない」と考えて対策をとらなかったことを明らかにし（東京電力福島原子力発電所における事故調査・検証委員会，2011），独立系のそれは，「安全神話」が誕

生し，原子力の商業利用が「国策民営」として推進され，電源三法交付金の導入により，「推進する政府や電力会社にとっても，反対派と対峙し，漁業者などに対する補償問題などを議論している中で，『事故はないんだというマインド』になってしまい，原発の安全性を訴える側も『安全神話』を信じ込んでいくようになった」（福島原発事故独立検証委員会，2012，298頁）と「安全神話」の強化・定着を明らかにし，国会のそれは，「日本の原子力業界における電気事業者と規制当局との関係は，必要な独立性及び透明性が確保されることなく，まさに『虜（とりこ）』の構造といえる状態であり，安全文化とは相いれない実態」（東京電力福島原子力発電所事故調査委員会，2012，464頁）だったことを明らかにした。いまだに東電福島原発事故の爪痕は残されており，脱原発がもう1つの課題となる。

　上述の福島原発事故後に電力の安定供給の確保等を目的とする電力システム改革が実施されたものの，電力供給不安が伝えられ，2022年2月のロシアによるウクライナ侵攻以降に一層懸念されて，ついに自公岸田政権は，2023（令和5）年2月に「GX実現に向けた基本方針」において，再生可能エネルギー主力電源化と原子力の活用，成長志向型カーボンプライシング構想を打ち出した。現在の日本の電力システムはなぜこうしたあり方であるのか。そしてこれからどのようなあり方になっていくのが望ましいのだろうか。

　改めて現在の電力システムを検討するにあたり，果たして東電福島原発事故前の日本の電力システムについてそのメリット，デメリットをしっかりと評価してきたのだろうか。東電福島原発事故という大変な過酷事故が起こり，その事故に結びついたことから，電力システム改革前のあり方を評価対象とは考えないことを暗黙のうちに受け入れてきたのではないだろうか。かくいう筆者も電力システム改革前のあり方を評価すべき対象とは捉えていなかった。

　そこで，本書では日本の電気事業は，公益事業として持続可能性を持って電気を供給し続けられるのか，発展しうるのかを検討する。なお，筆者は公益事業の公益性を電気供給という公共性といかに効率的にマネジメントするのかという企業性から構成されていると考えている。第1章では，日本の公益事業とはどのようなものだったのか，社会とどのような関係性を有してきたのか，今後どのように進めるといいのか，第2章では，日本の電力システムはどのよう

に歴史的に推移してきたのか，第3章では，過酷な原発事故を起こしてしまった東電はどのように事業を進めてきて東電福島原発事故を起こしてしまったのか，第4章では，東電福島原発事故後に取り組まれて推進されている日本の電力システム改革とはどのようなものか，なぜこうした形となったのか，どのような課題を有しているのか，第5章では，以上を受けて，日本ではどのようにして脱炭素社会へと進もうとしているのか，その際地域との関わりはどのようになっているのかを確認しつつ，どうすべきなのか，について議論する。

2024年3月

中瀬　哲史

目　　次

第 1 章

社会との関係性と
公益事業としてのあり方

　本章は，中瀬（2018a）（2020）（2023a）（2023c）に加筆修正して，社会との関係における公営事業のあり方を議論する。

1.1　生活の場「郷土」における電力業

　電気事業は人々の暮らしの場，生活の場である「郷土」とどのように関わってきたのだろうか。本章では，電気事業で生産される電気という目に見えないものが，歴史的にどのように人々に意識されてきたのか，を検討する。今後の電気事業のあり方を考えるうえで重要だと考えられるからである（中瀬，2020）。まずは，需要家の立場から，灯り，動力という電気の消費の際にどのように認識し，行動したのか，について検討する。

1.1.1　需要家の立場 1（信頼対象）

　電気は，最初に「灯り」として登場してきた。それまでの菜種油を使った灯りが，不安定で火災の要因にもなり得たことから，そうした問題点を解決して生活の発展，文化のシンボルとなった。それだけではなく，電気は，人々に，暖かさ，ぬくもりを与え，「感動」を与えた。この点については，北海道に住むある需要家の子供から贈られた以下の手紙が表している。

　　北電のおじさんへ，おじさんありがとうございます。私は電気が晩5時ごろから夜までついていたとき，電気せい品が使えなくて不便だと思いました。でも夜も昼もついたので電気せい品が使えるようになりました。…夜にかえっ

1

てくるときも，家にかえったときもいつも電気がついているのです。私も朝
7時ごろからおきてテレビをみています。ずっと電気がついてくれるように
なってとても便利になりました。ありがとうございました（北海道電力，1982，
238-239頁）。

安定的な電気の供給が人々の生活を安心できるものとした例である。そして，
現代的な例であるが，1995（平成7）年1月17日に起こった阪神淡路大震災で
停電してしまい，関係者の努力の結果，電気の灯りが復興した時の喜びを伝え
る需要家から寄せられた手紙は，電気の有難さを素直に表現している。

　私は17日夜，大多忙の中にお電話して悪いと思いながらも「近所は電灯が
ついているのですが…」と申し上げた者です。対応に出て下さいました方が，
本当にいい方で実に丁重なご応答をくださいました。その上，18日朝わざわ
ざお電話くださいまして「電灯はつきましたか」とのありがたいお言葉です。
「いえ，外灯はつきましたが家はまだです。」とお答えしました。同じ18日昼
頃，再度「どうもマンション奥の電柱から電線が垂れ下がっていると隣の方
がおっしゃいます。私の目では見えないのですけれど」と申し上げました。…
夕方近く電灯がパッとともり主人と手をたたきました。あまりのうれしさに
不躾でしたが3階のベランダから「関西電力さん，ほんとうにありがとうご
ざいます」と大声を張り上げました（関西電力，2002，977頁）。

停電という事態がどれくらい需要家を不安にし，その復興がどれほど需要家
に待ち望まれていたのか，をよく示す例である。阪神淡路大震災の被災時と復
興後を比較した**図表1-1**からも，以上の状況が認識できよう。このように，電
気が「灯り」という形態を取って人々の生活に接した時，それはまさに「感動」
を与えるものであった。
　動力としての電気はどのような意味を与えたろうか。明治から大正期にかけ
て電化が進んでいったが，当時の日本の代表的な産業であった紡績業の工場で
は，電化が進む前には，500馬力前後の蒸気機関を据え，ロープで多数の伝動
シャフトを回し，各機は天井下の伝動シャフトからベルトで回していた。この

2

図表 1-1　阪神淡路大震災での被災状況と復興

復興した神戸市長田区川西通（上，震災当時，下，1 年半後）

（出所）関西電力（2002）983頁。

ような機構は，長い伝動軸と長いベルトを使用するために動力損失は大きく，精紡機にとっては速度上昇も不可能であった。その後，1917-18（大正 6-8 ）年頃に，電化がリードする形で工場全体における原動機の使用割合が70％超へと向上した（その時，電化率は50％を超えるほどになっていた）。つまり，電化が動力化を進めたのである[1]。前述の紡績業にすると，精紡機の速度上昇を可

---

1)　なお，この電化の進展にあたっては，供給独占を認めつつあった電灯事業とは異なり，電力供給において競争政策を採用して電力会社間での競争を促した結果だった（中瀬，2005）。

能としたのである。またこうした事実は，中小企業でも電化を進め，生産を効率化し，その結果，工業地帯の形成へとつながった。以上のように，動力としての形態を取った電力は生産の効率化を進めるという「進化」を行った。

いわば，灯り，動力としては，電気は人々の生活を豊かにしたのである。

1.1.2 需要家の立場2（対抗者）

人々の生活を向上させるものとしての電気に対して人々は感動を覚え，電気を供給する事業者に心から感謝をした。しかし，人々の電気に対する意識は，「感動」「感謝」としての対象だけではなかった。もう一方で，電気という財が生活にとって不可欠なもの—現在の言葉では，ライフライン—となり，電気を消費する立場としての権利を主張して活動した。

第1次世界大戦後，東京電灯，東邦電力，宇治川電気，日本電力，大同電力の5大電力による電力戦が繰り広げられている時代，1927（昭和2）年末に富山県で「電灯争議」が起こった。三日市，滑川町，東岩瀬町を中心とする「値下げ期成同盟」は富山電気に対して，3割5分の値下げを申し入れた。富山電気に値下げの申し入れが拒絶されると整然とした料金不払い運動を展開したのである。翌年8月に富山県知事，逓信省当局の調停によってようやく和解が成立したものの，一般需要家の要求によって電力会社の電灯料金が値下げされたことは社会に大きな反響を呼んだ。この動きが全国各地に電灯料金値下げ運動として波及した。また，阪神電鉄，阪神急行電鉄，京都電灯等は消費者との間で紛争が起きる前に，先手を打って料金を値下げした。

こうした料金値下げ運動は社会運動化し，恒常化する気配すらうかがえた。しかも民間会社の利益源泉たる料金の値下げが経営的要請とは無関係に直接，一般消費者との間で行われたことは，電気事業関係者に危機感を抱かせた。届出料金制度では以上のような一般需要家との料金交渉が実行可能であることを示したために，電気事業関係者は届出料金制度の転換の必要を感じて逓信省に認可料金制度の採用を要請した[2]。

さて，電気は以下の性格を有している。第1に，公衆の日常生活に不可欠な財や用役を需要に応じて随時的かつ即時的に供給するという必需性の性格である。第2に，工業技術ネットワーク設備を駆使してサービスを供給するという

事業である。そのことは，火力発電，水力発電，原子力発電という発電形態を取り，送配電線，変電所を介して供給するという装置産業であることを求めた。第 3 に，生産即消費を迫る事業である。第 4 に，必需性，装置産業というあり方，生産即消費という形態を，公益事業として，経済的に実現することを目指すものであった。つまり，公共性と企業性を両立させることを必要とした。以上のことは，電気の生産，供給する設備が所在する地域の住民に対して「不安を与える」ことにもなった。

1.2　発送配電設備の所在する地域住民としての立場

1.2.1　火力発電と公害問題

　次に，発送配電設備が所在する地域住民としての立場についてである。まず，火力発電に関わる問題で，公害問題を引き起こしたものと認識された。

　最初に，明治期から大正期にかけてである。当初，煙突から出る黒煙は，産業の発展，経済の発展の証明だとして，「工業都市として煤煙を喜びこそすれ之を呪うものにあらず」との風潮もあった。しかし，深刻な煤煙問題を引き起こした火力発電は問題視された。その解決策として，個別分散的に設置されていた石炭火力発電所を集中方式とし，大きくて高い「お化け煙突」をつくって対応した。端緒は，1895（明治28）年に完成した浅草集中火力発電所である。その発電所は，口径 9 尺，高さ200尺の鋼製耐震煙突を有した。煤煙は，お化け煙突によって広範囲に拡散されたものの，深刻な煤煙問題は解決されず，燃焼装置の改善を必要とした。

　当時最大の経済都市であった大阪でも煤煙問題は起こった。1912-13（大正元-2）年に，住民による公害反対運動が行政に煤煙防止費の計上，煤煙防止令草

2）　1928（昭和 3）年 8 月，事業者を代表して東京電灯郷誠之助会長，東邦電力松永安左エ門社長等が久原逓信大臣を訪ねて認可料金制度の採用を要請した。認可料金制度という流れは，すでに供給独占化していた電灯，小口電力市場に加えて自由競争としていた大口電力市場においても供給独占化を導入しようとする流れと合わさり，電気事業者の経営基盤を整備して電気の安定供給を可能にすることを目指す逓信省政策へとまとまっていった。これは第 2 次世界大戦後の公益事業化の先駆けであった。

案の作成を促したのである。住民による反対運動の結果，事業者（大阪電灯）の活動を制約し，電力不足にまで至った（1919-20（大正8-9）年のこと）。そうした煤煙問題の発生は，当時採用していた下方給炭機を要因としていた。というのは，使用される石炭の性質，とくに灰の溶融温度により成績が左右される燃焼方式で，日本で使用される石炭の性質には適合しない外国製の機器だったのである。

　その後，微粉炭燃焼方式の採用へと進んだ。この方式は，尼崎の埋め立て地が完成して，新たに阪神工業地帯が形成され，そこへの電気供給のために設置された関西共同火力発電尼崎火力において全面的に採用された。この方式は，水平燃焼バーナーの登場により，燃焼時に必要とする空気量がそれまでの手炊き，ストーカー式よりも少量ですみ，排ガスによる熱損失を著しく減少させ，炭質変化にも影響されにくいというものだった。ただし，微粒の灰を活用することから，必ず集塵機を伴わねばならないものだったにもかかわらず，集塵機を設置しなかった。煤煙問題をより深刻なものとした。

　次に，第2次世界大戦後になってからも阪神工業地帯周辺の公害問題は深刻だった。**図表1-2**は，大気汚染の状況を示している。

　その大気汚染公害の象徴が，西淀川公害訴訟だった。この訴訟は，1978（昭和53）年に大阪市西淀川区の大気汚染公害被害者726名が，西淀川区周辺に立地していた合同製鉄，古河鉱業，中山鋼業，関西電力，旭硝子，日本硝子，関西熱化学，住友金属，神戸製鋼所，大阪ガスの企業10社，国道や高速道路を管理する国，阪神高速道路公団を相手取って損害賠償と汚染物質の排出差し止めを求めた裁判だった。西淀川公害裁判も他の公害裁判と同様に被害住民に多大な苦痛と悲しみを与えた。喘息に苦しんで亡くなった女性公害患者（1956（昭和31）年10月鹿児島に生まれ，小学校に上がる前に西淀川に引っ越して住み，発病した）の日記には以下の一節がある。

　　昨日の処置を受けても発作がおさまらず，夜8時頃病院へ連れて行ってもらったが，当直の先生の指示によりそのまま入院することになった。あと1週間で冬休みに入るというのに…。くやしいなあー。病院で新年を迎えるのだろうか…。11月30日に（発作が）起きて入院して，考査が始まる前日10日

図表 1-2　尼崎市における大気汚染主要発生源および硫黄酸化物濃度分布

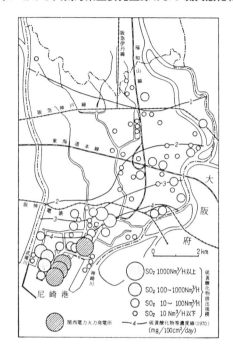

（出所）河野（1988）39頁。
（原典）日本地誌研究所『日本地誌』第14巻，420頁。

に退院したばかりではないか…。くやしいナァ（新島，2000，35-36頁）。

　この女性患者以外にも，西淀川公害で人生を苦しんだ患者が多く存在していた。長期間を費やし，ようやく1991（平成3）年3月29日大阪地裁において，原告の勝訴となった。その内容は，被告企業からの排煙と公害病との因果関係を時期を限定して認定するとともに，被告企業10社の共同不法行為を認定した。ところが，1995（平成7）年3月になるまで和解に至らなかった。この理由として，その被告企業の1つである関西電力が和解に渋かったためだという。それは，関西電力が電気を独占的に供給する公益事業であること，被告企業10社のなかで二酸化窒素排出量が断トツに多かったことが影響していた。

1993（平成 5 ）年 6 月の株主総会での患者の発言が追いつめたこと，1995（平成 7 ）年 4 月からの電力自由化の開始という環境変化もあって企業側の姿勢が変わって和解へと進んだ[3]。

1.2.2　ダム建設がもたらした問題

(1)　蜂の巣城紛争

　それから水力発電に関わる問題である。それまで居住した村の水没へとつながる水力発電のダム建設が，人々の暮らしに大きな影響を与えたこともある。そのダム建設にあたって[4]，居住していた村の水没という事態が起こり，いくつかの地域で国と反対住民との間で紛争が起こっていた。そうした紛争のなかでも特に有名なものに九州筑後川流域でみられた「蜂の巣城紛争」がある。

　1953（昭和28）年 6 月に熊本県北部から福岡県にかけて見舞われた記録的な豪雨（6.26水害）による甚大な被害（死者147人，田畑冠水 6 万7,000町歩，流失家屋4,409戸，総額450億円）が起こった。建設省（現在の国土交通省）は，大山川上流松原地点，その上支流の下筌地点の両地区におけるアベックダム建設を国が計画したものの，その水没予定地を所有する室原知幸氏らが中心となって，津江川右岸の下筌ダムサイト予定地に監視小屋，電話，サイレン，集会場，炊事場，便所，電灯施設等を揃えた常駐施設「蜂の巣城」（**図表 1 - 3** ）をつくってダム建設反対運動を展開したことから起こった紛争である。

　さて，国は，前述した水害への対処のために，当初，大山川流域大分県日田郡大山村久世畑地区での建設を決定していた。しかし，水没予定地域住民が同地区選出の有力政治家の協力を得て猛烈な反対を行った結果，あっさり撤回して，松原，下筌地区を決定したという経緯があった。そして，国は，松原・下筌ダムを多目的ダムとして計画したのである。

---

3 ）　その後，1995（平成 7 ）年 7 月排ガス健康への影響を認める訴訟判決，1998（平成10）年 7 月国，阪神高速道路公団との勝利和解で全面解決となった。
4 ）　現在の日本では，電力専用ダムよりも発電以外に治水，農業用水など多くの目的を担う多目的ダムの建設が中心となっている。その多目的ダムにおいてもダムに流入する水量の多くが，日常的な発電に費やされることからここで取り上げる次第である。

図表 1-3　蜂の巣城の様子

（出所）日本ダム協会（2017）。

　ここでいう多目的ダムとは，第 2 次世界大戦後，河川総合開発として，地域経済の振興の手段として考えられた「利水」，特に当初は電源開発を目的とし，もう一方で第 2 次世界大戦後の荒廃した国土を災害から守る「治水」という 2 つの目的を実現する構造物だった。つまり，日本国内に残された貴重な資源としての発電水利への需要が高まる一方，下流堤防による河積増大が次第に困難になるためにダム建設による治水の必要が検討されるという，発電水利と治水の両方を満たすものだった。それ故，多目的ダムとして計画された松原・下筌ダムも，発電計画と治水計画の双方が必要とされるはずであった。

　しかし，このダム建設の無効を訴えた裁判において裁判所が認めたように，ダム建設にあたっては発電計画は未整備だった。「裁判所は，多目的ダムにおける治水と利水の対立は宿命的なものであり，ダム法はダム使用権について規定し，ダムの管理，操作について操作規則の制定を明示，治水と利水の調和を図ることを考慮しているのであるから，アロケーションを定めないまま，多目的ダムとして本件ダム建設に着工した建設省の処置は適切とはいえないと判断し，久世畑地点でのような入念な地質調査を経ず，収用権発動の手続に及んだ点につ

いて，原告側が疑惑を抱くのも無理からぬ」（石田，1972，223頁）としたのである。にもかかわらず，治水が中心であることから裁判所はダム建設を認めるに足るものとした。

このダム建設によって所有地が水没することになる室原知幸氏らは公共事業とは「法に適い，情に適い，理に適う」ものではないのかと考えて，当該地点の選定に対して疑問を抱き，墳墓の地を守ろうと上述の「蜂の巣城」を作って反対運動を展開したのである（古賀，2021）[5]。結局，1970（昭和45）年6月に室原氏が急死して，国と遺族は和解して終幕を迎えた。その後，松原・下筌ダムは完成され，国は，松原・下筌ダムの経験に鑑み，関係する法令を改訂した。

なお，松原・下筌ダムは他の多目的ダムと同様に，相当高い発電利用率[6]を示している。1972-92（昭和47-平成4）年平均で松原ダムは88.7%，下筌ダムは79.4%であった。ここから，考えられるのは，松原・下筌ダムも発電用としても高く利用されており，発電計画の不備は重大な過失だったのではないだろうか。

(2) 多目的ダムそのものの持つ難しさ

前述の松原・下筌ダムでみたとおり，多目的ダムは大きく，治水と発電の両方の機能を果たしている。それでは，この治水と発電の機能は両立するのだろうか。実は，前述の蜂の巣城紛争の裁判でみたように，発電と治水の対立は「宿命」的であり，2つの機能の両立は相当むずかしい。徳島県那賀川長安口ダム，岡山県高梁川新成羽川ダム，高知県鏡川鏡ダムの洪水はこれにあたる。

たとえば，1971（昭和46）年8月30日台風23号の際に徳島県那賀川長安口

5）当時の土地収用法第14条は，試掘のために排除してもよいと定めているものは「植物もしくは柵など」とされているため，「蜂の巣城」という建築物はこれには当たらず，排除できなかった（森，2010）。

6）発電利用率は，建設省河川局『多目的ダム管理年報』より，（発電取入量）/（流入量＋補給量−洪水調節量−満水調節量）で算出している。なお，これほど，発電利用率が高まるのは，治水との関係から，貯水されている流水を日々放流する際に発電するからである。多目的ダムにとって発電することは日々の活動なのである。

ダムで起こった洪水とは，台風がくる前の水位が低かったため発電の立場から台風のもたらした降雨は恵みの雨だと理解して予備放流が遅れてしまうという不手際で洪水調節のかなめであるピーク流入量のカットができなかったこと，しかも逆にピーク流入量を越える放流を行う結果になって起こったという。

　つまり，洪水警戒体制に入ったとき，水位が低いことは洪水対策上有利な条件であるものの，現行のダム操作体系ではその条件を生かせず，洪水に達するまでの間に予備放流水位まで流水をため込むことを認めて，治水上の対策を後回しとした。特に，発電のような大企業が関係している場合には，この「予備放流水位までため込むことを認める」ことは，「予備放流水位までため込まなければならない」という責任となって，ダム管理所長に対してプレッシャーとなっていた。その結果，ぎりぎりまで放流を抑えることになり，それが予備放流の失敗につながった。被災者はこの災害が長安口ダムの不法放流に基づく人災であるとして国および県の責任を追究し，ダム災害損害賠償請求訴訟を起こした。

　また，異常な出水，複数のピークをもつ降雨が起こった結果，ダム操作が難しくなって洪水が起こった。特に，複数のピークをもつ降雨の場合，前のピークを乗り切るためにダムの治水容量の大半が消費され，次のピークに対して洪水調節機能を失う例がしばしば見られた。1976（昭和51）年 9 月 8 日台風17号での鏡ダムでの例がそれにあたる。被害者は，洪水は河道整備の遅れと鏡ダムの大量放流によるものとして国と県に損害賠償を請求した。以上のように，発電が参加している多目的ダムの場合，水を貯め水位を上げることが発電側の利益に結びついているから，洪水時にもなるべく放流を抑制しようとする志向が生じる。ダム管理者がこれに影響され，下流の被害を口実に放流量を抑えようとする傾向が現れたのである。

　その後のダム建設にあたっては生活空間の水没という問題が留意すべきものとされ，1973（昭和48）年水源地域対策特別措置法が制定された[7]。

1.2.3　原子力発電の建設に伴う問題

　そして，原子力発電の立地について電力会社と建設予定地の住民側との間に起こった問題である。東電福島原発事故前には，火力発電による公害問題の発生，水力発電に関係するダム建設による居住地の水没というはっきりと目に見

える形ではなかったため，原子力発電の場合，他の発電形態以上に，発電所建設をめぐって当該地域のコミュニティを「分断」してきた。

以上の問題が発生するのは，一方で公共道路，橋など公共施設の不十分だった地域において，たとえば福井県では原子力発電によって待ち望んだ公共施設が建設されるならと推進する側に対して，他方で先祖から受け継いだ海を子孫に手渡したいとの純粋な思いを抱く慎重な側が存在したからだった。

たとえば，福井県の青戸大橋建設に関して，町は橋の建設を何度も県に陳情したものの反応は鈍かった。1969（昭和44）年1月に当時町長だった時岡民雄

7） 同法の「第一条」には目的として以下が記されている。「この法律は，ダム又は湖沼水位調節施設の建設によりその基礎条件が著しく変化する地域について，生活環境，産業基盤等を整備し，あわせてダム貯水池の水質の汚濁を防止し，又は湖沼の水質を保全するため，水源地域整備計画を策定し，その実施を推進する等特別の措置を講ずることにより関係住民の生活の安定と福祉の向上を図り，もつてダム及び湖沼水位調節施設の建設を促進し，水資源の開発と国土の保全に寄与することを目的とする。」とされている。この法律をもって，地域社会との「対話」を省くとすると意味がないのは言うまでもない。なお，水力発電にかかわって，富山県黒部川におけるダム堆砂の排砂，通砂事業が課題となっている。本事業は，そもそも，1991（平成3）年の関電出し平ダムにおける排砂作業（6年間の堆砂を排出）の際，黒部川河口流域において漁業被害を起こし，1995（平成7）年の黒部川での集中豪雨の際の緊急排砂問題の後，宇奈月ダム完成後の2001（平成13）年より，出し平ダム，宇奈月ダムの円滑な排砂と黒部川流域の適切な土砂管理を図るために行われている。関係機関（黒部市，入善町，朝日町，林野庁，富山県，関電，北陸地方整備局）で黒部川土砂管理協議会を結成し，学識経験者らで構成する黒部ダム排砂評価委員会とともに排砂，通砂の実施を管理，監督しているのである。また上述の土砂管理協議会，排砂評価委員会に加え，排砂関係機関連絡会議（林野庁，富山県，黒部市，入善町，朝日町の行政機関，関電，国交省の実施機関に加えて漁業関係者，農業関係者も参加）も関係している（中瀬，2012）。本事業については，角幡（2006）は上述のシステムは地域社会の意見を聞いたことにする「アリバイ工作」的なものだと批判する。脱ダム論者でもある大熊は上述の排砂評価委員会に加わり，「本来ならダム撤去が一番いいと考えているが，現状では水力発電の電力減少に国民的コンセンサスは得られていない。次善の策として，落葉のヘドロ化やその流下の仕方を解明し，排砂回数を増やし，可能な限り自然な土砂流下に近づけることを提言している」（大熊，2007，293頁）。
そして2024年現在，異常気象の影響によると考えられる水害が起こったことを受けて流水型ダム（穴あきダム）が模索され出している。

氏が大島地区に原発誘致の意向を明らかにしたものの，町民は「けど，橋と道路ができるならって，反対意見は出んかった。高浜や美浜の原発に囲まれたら同じことや」として，強い反対は出なかった。そして，原発への反感は一部でくすぶり続けたが，1973（昭和48）年に青戸大島ができたときの地区民の喜びはそれをかき消すほど大きかったのである（中日新聞福井支社・日刊県民福井，2001）。

　これに対して，純粋な海への強い思いの結果，原子力発電を跳ね返した地区の1つとして，中部電力芦浜原発予定地の三重県南島町がある。この南島地区では新左翼はもとより，地区外から支援する市民グループすら受け付けず，自分たちで反対運動を組織した。その南島町の古和浦漁業協同組合は当初は絶対反対を表明して，1966（昭和41）年9月の紀伊長島事件[8]を起こすなど活発に反対運動を展開していた。しかし，徐々に国や県に後押しされた推進派に押し込まれていき，古和浦漁協は推進派によって抑えられた。漁協には中部電力の預金が振り込まれて，漁協会計を支えることとなった。ついに原子力発電建設に先立つ海洋調査を受け入れる臨時総会の開催日を迎えた。そして，総会を開催すれば海洋調査受け入れを決定するという古和浦漁協臨時総会が開かれる，まさにその1994（平成6）年12月15日未明には，古和浦漁協の建物前に200名を超える反対派住民が徹夜の座り込みを始めて総会開催を阻もうとした。警官隊，機動隊の出動が要請され，強制排除が開始され，ゴボウ抜きを始めたものの，70歳過ぎの老婦人が押されて倒された。そのため，強制排除は中止され，臨時総会は開かれることなく，地元合意を取らないかぎり海洋調査を実施しないことが確認されたのである（北村，1986）。

　古和浦漁協の主導権が推進派に移っていく過程において，反対する主体が漁民有志，主婦，若者，議会人へと代わり，町外の市民グループとの連携を進め，町民の戦い，県民闘争へと進化した。それ故，三重県総有権者数141万人の過半数を超える81万人もの原子力発電所建設の反対署名を集めることとなり，保

8）　当時の衆議院科学技術振興対策特別委員会中曽根康弘理事以下，数名の調査団一行による現地視察を，古和浦漁協をはじめとする原子力発電に反対する漁協の漁船団に阻まれた事件である。

守系議員も多くいる県議会において3年間の冷却期間を置くこととされ，冷却期間のあけたときに，当時の北川知事による芦浜原子力発電所の白紙撤回へとつながったのである（北村，2001）。

さて，この芦浜原子力発電予定地の場合に汚職事件が起こった。1976（昭和51）年中部電力芦浜事務所駐在員が当時の紀勢町長に原子力発電機密PR費として現金を手渡したものの，自らの借金返済へと使ったのである。また別にわいろを受け取っていた。こうしたお金の絡む事件は原子力発電予定地ではよく起こった。四国電力伊方原発予定地でも，原発利権の絡む伊方町長選挙違反事件が起こされた（斎間，2002）。

なお，建設予定地の地域コミュニティを分断してまで原子力発電の建設を進める電力会社社員には以下のような強い意思があった。「しかしね，電気釜に一斉にスイッチを入れる時間になると電気が足りなくなる。歯を食いしばって，電力を確保してきた。そんな苦しみの歴史を私らは生きてきたんですよ。」（落合，2001）。

1.2.4　再生可能エネルギーのもたらす問題

以上のような従来の発電形態と地域社会の関係性は現在の再生可能エネルギー開発においても当てはまる。太陽光発電は自然景観・環境保全，風力発電は低周波騒音，シャドウフリッカー，景観，で地域と対立していると指摘されている（河野，2020）。

そもそも，太陽光発電は東電福島原発事故後にFIT（固定価格買取制度）が整備され，非住宅事業用太陽光発電に対しては優遇政策が採用され，設置場所さえ確保されれば開発しやすいことから，特に非住宅事業用太陽光発電が投機対象として，当該地域との意思疎通のないままに林地，山岳地帯におけるメガソーラー形態での設置が急増した。長野県諏訪市霧ヶ峰におけるLooop（本社東京都台東区）による計画は「霧ヶ峰高原の生態系や水資源に影響を与える」として，地域社会から問題視されて結局は撤退した（「メガソーラー高まる環境懸念」『朝日新聞』2020年1月9日朝刊，長野県版）。他に宮城県丸森町，埼玉県小川町，奈良県平群町では地元に十分な説明をしないまま開発を強行したためトラブルとなっている（「メガソーラー建設に『待った』」『日経産業新聞』

2022年2月4日）。

　鈴木（2023）では，熊本県南関町，鹿児島県姶良市，青森県青森市でのメガソーラー発電について報告されている。そこでは土石流が起こったとのことで，それら土石流はすべて，メガソーラー施設の土地造成段階で発生しているという。「事業者は建設段階で，防災設備を整備する前に，土地造成，発電設備設置を先行し，売電を優先させる傾向があるようだ。また，宅地造成では，排水溝やグラベルドレーンなどの排水対策が整備され，グランドアンカーや鉄筋挿入，鋼矢板等の補強対策が行われるが，森林法ではそのような緻密な補強や排水対策は求められていない。したがって，毎年経験するような大雨でも，土砂は流出して田畑を覆い，土石流は土筆川のような市町村管理の小規模の山地河川（準用河川）を流下し，ついには県管理の河川へと流出する。いったん，記録的大雨を経験すると，雨水は敷地の土砂を伴って調整池へと流入し，調整池を越流し，場合によっては調整池を崩壊させて大規模な土石流となって下流の住宅を襲うことになるのである」（52-53頁）。そのため，鈴木は林業推進のための森林法ではなく，土砂災害の発生を前提として防災対策に取組み，住民の生命，身体，財産を守るべきであることを強調する。

　風力発電については，日本の各地で反対運動が起こされている計画がある。例えば十和田八幡平公園八甲田山における，ユーラスエナジーホールディングスによる「みちのく風力発電事業」（本社東京都港区）では国立公園を含む1万7,300ヘクタールの予定地に風車120-150基（最大高さは200メートル）が計画されて問題視されている。他には三重県松阪市から大台町にかけての「三重県松阪蓮ウインドファーム発電所」では国の天然記念物イヌワシの生息地であることから問題視されている。環境省は環境保全を優先する地域と風力発電導入を促進する地域を設定する「ゾーニング」を呼びかけ，それに応えて浜松市はゾーニングマップを作成して事業者との合意形成に役立てている（「風力発電建設計画急増」『朝日新聞』2022年7月7日朝刊）。

　風力発電に関しては上述のように完成してからの懸念があるが，それ以上に「懸念されるのは，大規模な風力発電施設が山の尾根に作業用道路を建設しながら，数キロメートルにわたって連続的に構築されることが与える影響である。高さ200m，長さ100mのブレードを運搬するために，重機が通る道路は，幅40m

にわたって切り盛りされて建設されるのである。そして風車が建設され場所には，１辺100m程度の基礎コンクリートが打設される」（ママ）（鈴木，2023，71-72頁）ことから，陸上風力発電の建設が場合によっては山そのものを危ういものにするという[9]。

　以上のように，郷土において，人々は，電気に対し，需要家として，地域住民として関わり，「感動」，権利意識，「不安」，「拒否」という多様な感情を抱いてきた。そうした多様な感情を抱かせたのは，電気が人々の生活に欠かせないライフラインの１つであること，しかし他方でその電気を供給するために電気事業者は時には試行錯誤し，ときには行き過ぎながらも進めてきたこと，が原因であった。

　21世紀を迎えている現在，地球環境問題は喫緊の課題となり，再生可能エネルギーに期待されるものの，たとえ再生可能エネルギーであっても，人間活動に必要なエネルギーを取り出すのはとても大変なことから，問題となる。電気をめぐり，郷土ではこうしたドラマが展開し，これからも展開していくのである。

1.3　公益事業の本質について

　私たちの生活の場「郷土」と電気事業は以上のような関係を持ってきた。そして電気事業は公益事業だとされる。その公益性とは公共性と企業性から構成されるものと筆者は考える。電気事業の今後を考える上で，公益事業とは何かについて考えてみよう。

　まず「経済学と公益性」をテーマに精力的に議論してきた小坂直人の議論に注目する。小坂は，ハーバーマスの研究に依拠し，現代の公益事業に関わって以下のように興味深く整理するからである。小坂によると，日本では，従来「お

---

[9]　鈴木（2023）が大変危惧した京丹後市磯砂山系に計画された自然電力株式会社（本社福岡市）による陸上風力発電計画（4,000kW級14基58,800kW，最大高180m）は，2023（令和5）年8月に，採算性確保が困難として同社は京丹後市に事業廃止を通知した。同市は同社に事業廃止に至った説明を求めたものの応じていないという。

上」を「公共」と意識し，その行政組織を「公共体」と考える「上的公共性」にたって考えられてきたとする。そもそも井戸や広場といった市民の共同生活（共同生産）の場，圏が公共空間と考えられるが，日本では1965（昭和40）年前後から，日本国憲法の精神を実感した住民が公害問題に対して生活防衛のための運動を展開してくる中で，住民は「市民」へと転回し，新しい「生活の共同性」を萌芽させて公共性を問い直し，「上的公共性」や「公権力」から自立した場，圏としての「市民的公共性」を主張してきたとする。

　そもそも公益事業とは，連結した電線，ガス管，水道管という工業技術ネットワーク設備なしでは供給されえないから，工業技術ネットワーク設備間という限定された場所的，物理的条件の範囲内でしか斯業のサービスを供給することができないので，営業地域が限定される産業となる（ネットワーク・ビジネス研究会，2004）。

　そこで，小坂は，日常生活に不可欠な財，サービスを不特定多数の消費者＝市民に供給するものとして，市民から応分の設備使用料を徴収してそのインフラ設備を構築するという共同利用設備として構築されてきたから，縄田栄次郎の議論を利用して，公益事業とは，都市社会において「固定的導体（電線，ガス管，水道管，鉄道など）を媒体とする生産者と消費者の直接的地域社会」が展開するものだと論じた（小坂，2005）[10]。

　なお，公益事業において進展してきた規制緩和論については，いくら規制緩和が進行しようとも，「公共責務」の内容は変わらず，国，自治体をその「公共責務」の担い手から引き放させてはならないとする。「ここで，最も留意すべきことは，担い手が誰であれ，従来『公共責務』とされてきたことは内容に何らの変化もないということである。…国家・政府等が供給するから『公共』サービスとなるのではなく，逆に，『公共』サービスを供給する主体として国民に期待されることで国家・政府は『公共的』な存在となり得るのである。そのパ

10）小坂は，電気事業については，系統電力システムと地域分散型電力システムの有機的結合の模索が必要だとしている。山口・次世代系統懇話会（2023）は電力系統を基幹系統と需要地系統（地域に面的に広がる需要への電力供給を担うとして地域供給系統＋配電系統と一括して扱う）の2つの階層と理解して議論する。

フォーマンスがどれほど低かったにしろ，少なくとも，今まではそう考えられてきたのである。したがって，論点は新しい『公共』の『新しさ』をうんぬんすることではなく，『新しい』公共とされたNPO等が従来『公共責務』とされてきた市民サービスを十分に提供できるかどうか，さらには，こうした分野から撤退を続けている国家・政府をこの分野に引き戻すことが出来るかどうかという点にあるのではないだろうか。」（小坂，2013，35-37頁）と指摘した。小坂の議論は公益事業の本質を議論しようとするもので，大変示唆に富み，興味深い。

　しかし，以前から公益事業の採算については課題とされている。これについて，石田・野村（2014）は，官民連携，公民連携によって公益事業経営の赤字体質を改善し，滞りなく更新投資を行い，継続的に公益事業を運営して，日常生活に不可欠な財，サービスの供給を実現させることが重要であるとする。

　2023（令和5）年6月に大阪公立大学にて開催された公益事業学会全国大会では，統一論題「老朽化インフラの更新と公益事業」として，高速道路，鉄道，水道，電力についての老朽化インフラの更新をどのように進めるのかについて報告があり，意見交換された（公共事業学会HP「公益事業学会2023年度（第73回）大会」）。性格の異なる公益事業であるが，共通点としては，いかにして当該事業に関係する構造物，設備を適切に点検・調査，評価すること（その際防災対策は不可欠となる），事業運営等を通じて資金を確保して予防保全を実施すること（そのために消費者との間で料金について「対話」し納得してもらうこと），DX（デジタルトランスフォーメーション）を進めるものの人材育成も大変重要であること，というように　まさに公益事業の運営にマネジメントが求められているのである。

　なお，従来から，公益事業論において重要な考えとしてユニバーサル・サービス論が論じられてきた。そもそも，ユニバーサル・サービスについて，「今日の『ユニバーサル・サービス』は，電話事業の崇高な理想を説き，その産業に従事する者の倫理観を代表するかの観がある。ところが，ヴェイルが初めて『ユニバーサル・サービス』という言葉を使いだしたころには，AT&Tという会社の『独占』という経営方針の，正当化のために主張されたのであろうか。歴史的現実が後者に近いことは，すでに述べたところからお判りだろう。彼の言う

『ユニバーサル・サービス』とは，『1つの通信系が一定の方針の下に，全国的にあまねくサービスを提供する』ことであった。1960（昭和35）年当時のAT&Tの社長，カッペルが認めているように，『万人のためのサービスを，という目標は，ただ1社による電話回線網を作ることを意味した』のである。」（林・田川，1994，66頁）。つまり，AT&Tと契約するとユニバーサル・サービスを受けることができるという，同社の経営政策から生まれたものであり，そもそも公益事業の本質とは言えないのである。

　最近のエネルギー事業，通信・放送事業，航空輸送業，鉄道事業，バス事業，水道事業の変容を検討した中瀬（2018a）によれば，現在の公益事業において，第1に，特に航空輸送業におけるLCCの登場に典型的に見られるように，当該公益サービス内容に対してコスト面，料金面から見直しを迫られ再構築されたこと，第2に，特に地域交通業，エネルギー事業に見られるように，需要家は公益サービスを受け身的に受け取るのみだった従来のあり方から，当該地域社会という一定の範囲内において需要家は供給者にもなりうるという協働関係というあり方に再編成される場面があること，を明らかにしている。

　実は，小坂（2005）は，共同利用のあり方について人間同士の信頼関係，誠意ある対話によって市民間の合意を形成する過程が重要であると指摘する。つまり，公益事業とは，人間同士の信頼関係，誠意ある対話を通じた市民間の合意を通じて「固定的導体（電線，ガス管，水道管，鉄道など）を媒体とする生産者と消費者の直接的地域社会」だと指摘するのである。21世紀の公益事業は，ユニバーサル・サービス的に，供給者と需要者という2つの世界に分かれるものではなく，供給者，需要者が「融合」（協働）し，あるいは双方向的に対面するという「一つの世界」に転化するものとなることを示唆するのである。

　この議論は，中瀬（2016）が描く「環境統合型生産システム」でのヒト，モノ，カネ，情報，エネルギー，環境の面において循環することで地域創生にもつながるという考え方と大変親和性のあるものである。

　公益事業を以上のものとして考えたとき，日本の電気事業はどのようであればいいだろうか。次章から，具体的に検討していこう。

第 2 章

東電福島原発事故前の
電気事業経営の歴史的展開
－ 2 つの電力システムの改革－

　日本の電力システムは，今回の電力システム改革の前に 2 回の再編成を経験している。本章では，中瀬（2005）（2008b）（2011）（2023a）に加筆修正して，どのように推移したのかを論じる。

2.1　第 2 次世界大戦前の電力システム

2.1.1　戦間期（1920年代）における電力戦の勃発

　まず，第 1 次世界大戦時から電力国家管理へとつながる流れについてである。
　第 1 次世界大戦時の好況で電力需要は増加した。特に京阪神では火力発電中心だったため，当時の監督官庁であった逓信省は，水力発電開発による電力導入を目指して卸売電力を認可し，そのもとで大同電力，日本電力が設立された。
　その後の反動恐慌で電力過剰状態となった。卸売電力の開発は水力中心だったため，豊水期の供給力が豊富になるのに対し，電力需要は約 2 割低下することから余剰電力が生まれ，「構造化」したのである。電力会社，特に大同，日電の卸売電力会社が料金低下によって余剰電力を消化しようと，特に，京浜，中京，京阪神の工業地帯における，東京電灯（本節の「東電」とはこの東京電灯を指す），東邦電力，宇治川電気に電力販売競争を挑む「電力戦」が展開することになった
　というのも，第 1 に，生産即消費の電力であることから，電力小売市場をもたない卸売電力会社にとって電力販売のためには積極的に既存小売電力会社の

供給区域へ販売攻勢をかけざるを得なかったこと，第2に，電力設備を完成させた卸売電力にとっては資金回収のための利益獲得が必要だったこと，第3に，卸売電力として自立するために複数地域への販売攻勢が必要だったこと，そして第4に，遞信省は競争による料金低下で一層の工業発展を意図したこと，が要因である。卸売電力の仕掛ける「電力戦」が開始された。

なお，現代の電力システム改革においては，安定供給の確保，電気料金の最大限の抑制，需要家の選択肢や事業者の事業機会の拡大を目的として，広域系統運用の拡大，小売及び発電の全面自由化，法的分離の方式による送配電部門の中立性の一層の確保を実施した。1990年代に英米で進められた電力自由化[1]は天然ガスを利用したコンバインドサイクル方式を活用する火力発電力の増加を背景とするものであり，第1次世界大戦時にも，電力市場において電力余剰となるくらい電力が豊富であった。供給不安である現在，電力システム改革が危ぶまれるのである。

さて，電力戦は，①京阪神における大同対宇治電，②京浜における大同対東電，③京浜における日電対東電，④京浜における東邦対東電，⑤中京における日電対東邦，⑥中京における東電対東邦，が戦われた。

まず①について。大同が宇治電の小売市場である京阪神に電力販売の攻勢をかけてきたため，宇治電は大同から電力購入することで，京阪神の小売市場への大同による侵攻を防ごうとした。このため，宇治電の子会社日電は宇治電に対して十分に電力を販売することができなくなって，開発した電力を他地域に

---

1) この1990年代に英米で進められた電力自由化は，技術革新を反映した，天然ガスを利用したコージェネレーション，コンバインドサイクル方式を活用した火力発電を背景とする。イギリスでは天然ガスパイプラインの敷設を前提に，最新鋭のコンバインドサイクル方式（CCGT：Combined Cycle Gas Turbine）を活用できたことから，発電における自由化によって，従来の石炭火力よりも低コストで，設置が素早く，効率が高く，安いガス料金を利用できるとして多くの新規参入者が「dash for gas」として登場した（中瀬，2008a）。アメリカでも，天然ガスを利用した，技術革新された高効率で発電コストの安くなったコンバインドサイクル方式に基づく火力発電が増加して電力自由化を進めることになった（小林，2021）。日本とは異なって，天然ガスを利用したコンバインドサイクル方式を活用する火力発電の増加という供給力強化が英米の電力自由化を進める背景にあったのである。

販売しようとして，③を起こして京浜に，⑤を起こして中京に電力の販売攻勢をかけた。

京浜については，首都圏，京浜工業地帯を抱える大消費地であることから，同地を支配する東電に電力戦を挑む形で，③以外に，②のように大同は京浜の小売市場への電力販売を目指し，④については少し事情が異なり，東邦電力松永安左エ門社長が東電の支配する京浜に影響力を，ひいては日本の電力産業に影響力を及ぼすことを意図して，東邦が東電に対して電力戦を仕掛けた。⑥については京浜地域における，そうした東邦による東電への対抗措置だった。

以上の電力戦を経て，京浜，中京，京阪神の各電力経済圏では，大口電力市場における競争が終了するとともに，新興の大同，日電の卸売電力が組み込まれて再編された。

2.1.2　第 2 次世界大戦前の電気事業体制の成立

他方で，第 1 章で述べたように，電灯争議（富山県，1927（昭和 2 ）年）が起こり，日本全国で電灯料金値下げ運動が広がり，届出料金制度から認可料金制度への移行が検討された。電力会社にとっては，経営的事情に関わらず電灯料金の値下げを余儀なくされるのは避けたいこと，他方で逓信省としては，電力会社の経営的基盤を整備し，健全化させることで，電力の安定供給を行わせたいと考えていたこと，が影響している。

以上の電気事業の公益事業化というプロセスは，政党関係者が関与して調整されており，政党政治の中で取り組まれた。臨時電気事業調査会（1929（昭和 4 ）年）での議論を通じて電気事業に対する規制が成立し，電気事業法が改正された。統一的発送電予定計画が検討され，商工省の考える「基礎工業」育成を目的に供給独占と認可料金制度が計画され，発電水利における，内務省，農林省に対する逓信省の優勢が定まり，電気委員会が設置されて政府内で議論されることとなった。

こうして，国として，電気事業者の経営を堅実あるものにする一方で，電気事業者が安定した電力供給を行う「供給責任」を十分に果たしうる「公共事業」としての育成が目指された。

以上の動きに対して，電力会社側では，5 大電力を中心に電力連盟が結成さ

れて落ち着きつつあったこと，あわせて工業発展が著しく，電力需要が伸びようとしているものの，当該地域には資本系列の異なる企業が複数存在するため（東電の存在した京浜地域では動きはなかった），共同火力発電の設立が検討された。電力経済圏レベルにおいて，一層の競争と協調を目指したのである。

　共同火力発電構想は電力経済圏レベルでの水火併用給電体制（水主火従）の構築を目指すもので，この点で東邦電力社長の松永安左エ門のアイディアが注目される。当時，最大電力は冬季に記録しており，その最大電力を目的に水力開発を進めると夏季には水量豊富のため電力余剰が生まれ，設備過剰で金利負担にも苦しむ。そこで火力を合理的に使用して水力余剰電力を融通し合う電力連係と組み合わせて，電力資本相互の協調を図り，各電力会社の効率性を追求するとともに，電気事業全体の合理化をも志向するものだった。

　図表 2-1 にあるとおり，関西共同火力（尼崎市，1931（昭和6）年7月）が宇治川電気，日本電力，大同電力，京都電灯の出資で設立されて京阪神における共同火力として機能した。九州共同火力（大牟田市，1935（昭和10）年10月）は三井鉱山，熊本電気，東邦，九州水力，九州電力，九州送電の出資で設立され，大牟田地区の東洋高圧への電力供給と九州60サイクル地域の共同火力として設けられた。西部共同火力（戸畑市，1936（昭和11）年5月）は日本製鉄，九州水力，九州電気軌道，九州送電，九州共同火力の出資で設立され，北

図表 2-1　設置された共同火力発電

会社名	設置場所	設立年月	出力	出資者	目的
関西共同火力	尼崎市	1931年7月	46万8,000KW	日電，大同，宇治電，京都電灯	近畿地方における火力発電の合理化
九州共同火力	大牟田市	1935年10月	8万7,000KW	三井鉱山，熊本電気，東邦，九州水力，九州電力，九州送電	東洋高圧への電力供給と九州60サイクル系火力発電の合理化
西部共同火力	戸畑市	1936年5月	5万5,000KW	日本製鉄，九州水力，九州電気軌道，九州送電，九州共同火力	日本製鉄への電力供給と九州50サイクル系火力発電の合理化
中部共同火力	名古屋市	1936年7月	5万KW	東邦，日電，大同，矢作水力，中部電力，合同電気，揖斐川電気	中部地方における火力発電の合理化

（出所）中瀬（2005）42頁。

九州地区の日本製鉄への電力供給と九州50サイクル地域の共同火力として設けられた。つづいて中部共同火力（名古屋市，1936（昭和11）年 7 月）が東邦，日電，大同，矢作水力，中部電力（現在の中部電力とは別会社），合同電気，揖斐川電気の出資で設立されて，中部地方の共同火力として位置付けられた。

　京浜以外の阪神，中京工業地帯に加えて，大牟田，北九州の工業地帯でも共同火力が設立されることで，戦時体制前に電力経済圏レベルでの水火併用給電方法が目指され，第 2 次世界大戦後につながる電力経済圏レベルでの合理的なあり方が志向された。

2.1.3　戦時統制期における電力国家管理の成立と統制強化

　内閣調査局の革新官僚は「豊富で低廉な電力供給」を目的に，5 大電力から発送電設備を現物出資させることで，財政負担をかけずに電気資源の経済的開発と合理的な送電網の形成による全国的供電組織の形成（なお配電組織は民有民営会社に残すものとした）を内容とする民有国営案（内閣調査局案）を作成した。

　前出の内閣調査局案は，二・二六事件後に組閣された「庶政一新」廣田弘毅内閣時の逓信大臣頼母木桂吉の下で，1936（昭和11）年，日本電力設備株式会社設立等国家管理法案からなる民有国営案としてまとめられた（頼母木案）。しかし，財界からは猛反対され，当時の帝国議会議員と陸軍大臣との「腹切り問答」にて廣田内閣が総辞職し，次の林銑十郎内閣はその国家管理法案を撤回した結果，電力国家管理はいったん棚上げとなった。

　その後，近衛文麿内閣時（逓信大臣に永井柳太郎）に，当時の有力な官僚，軍関係者，政治家，学者，社会運動家等が参加して発言力のある国策研究会での議論を踏まえ，生産力拡充計画への対応を意図して，現物出資対象を新規水力，火力，送電設備に留めた特殊会社案（既設水力は民間会社に残して存続させることをも検討した）をも選択肢とした。

　そして，民間の電力会社経営者も参加した官民一体の臨時電力調査会で審議をして，前出の大規模な新規水力，火力，送電設備から構成される特殊会社案（永井案）を得た。

　なお，臨時電力調査会の席上，5 大電力側は卸売電力と小売電力の立場をバ

図表 2 - 2　電力国家管理後に建設予定されている主要大規模水力発電計画

地点名	河川名	開発方法	堰堤の高さ（m）	有効容量（千m）	最大出力（KW）	予定発電量（百万KWH）	総工事費（百万円）
野沢	阿賀野川系只見川	調整池	40	1,240	203,000	1106	60
尾瀬第一	同上	貯水池	85	324,000	262,000	287	56
尾瀬第二	同上	調整池	15	100	262,000	287	45
東谷	黒部川系黒部川	貯水池	110	34,000	198,000	876	71
栗尾	大井川系大井川	貯水池	90	113,000	60,000	175	31
大谷	天竜川系天竜川	貯水池	60	12,000	154,000	594	42

（出所）中瀬（2005）76頁。

ランスさせつつ，北海道，東北，関東，中部，関西，中国，四国，九州の8地域において発送電設備建設計画を作成し，配給指令を一元化するとともに，地帯間電力融通体制を可能にするという，当時としてはかなり踏み込んだ合理化された統合案を提案した。

　しかし，政府逓信省側は，**図表 2 - 2**にあるように，本州中央部の水力開発を従来の自流式から貯水池，調整池式に転換し，大規模に開発することを特殊会社に任せ（尾瀬沼開発が象徴的なものとされた），その資金を政府に期待する案（永井案）にまとめた。生産力拡充計画に対応することを意図していたのである。第1次電力国家管理が行われた。

　1939（昭和14）年4月に日本発送電株式会社が設立され，関東，中部，近畿，信越，北陸の5地帯を本州中央部として1つにまとめて，大規模な水力開発を計画するものの，戦時経済の深まりの中で物資需給のひっ迫のために進まなくなり，計画数値だけが大きくなり続けるものとなった。

　他方で渇水，石炭不足で電力不足に陥って電力制限が必要となり，また民間会社に既設水力が残された結果，給電業務が円滑に進まなくなり非効率な運営が行われた。**図表 2 - 3**にあるように，既設水力側は力率条項の欠如の中，つまりキロボルト・アンペアを無視して決められた電力量を発電し，需要側にも調相設備が不足していたこともあって，送電電圧は低下し送電損失量は増加し周波数が低下したので，豊水期であったものの火力発電を並行して運転した。そこで，既設水力をもまとめて運転しようと日本発送電へ出資する「発送電強化」

図表 2 - 3　1940年5月から7月にかけて電圧上昇のために並列運転した主要火力発電の運転実績

	並列運転量	供給用発電量	並列運転の割合	平均燃料費	並列運転にかかった燃料費
尼崎第一	3,918,200	80,242,380	4.9％	19.2	75,073
尼崎第二	4,427,830	85,843,900	5.2％	17.2	76,336
尼崎東	6,282,930	28,651,900	21.9％	31.5	197,724
福崎	607,500	3,887,600	15.6％	31.0	18,808
木津川	1,493,100	23,089,500	6.5％	25.4	37,895
春日出第一	1,280,200	8,170,000	15.7％	29.4	37,651
春日出第二	2,312,550	17,974,340	12.9％	28.6	66,162
名古屋	2,148,420	22,500,800	9.5％	22.8	48,962
飾磨港	3,201,490	36,527,170	8.8％	17.8	56,922
飾磨	1,176,300	1,773,856	66.3％	43.6	51,334
網干	968,010	10,581,447	9.1％	28.9	27,985
三幡	2,420,510	38,574,350	6.3％	16.8	40,665
合計	32,075,970	401,997,138	8.0％	23.7	759,598

(注)　「平均燃料費」とは，各発電所が1940年上期に記録した1kWh当たり燃料費のことで，単位は厘，並列運転にかかった燃料費の単位は円，並列運転量，供給用発電量の単位はkWh。
(出所)　中瀬（2005）105頁。

が行われ，配電地域では残された設備をまとめ，既存電気事業者を統合して9配電会社とする「配電統合」がなされた。これによって，第2次電力国家管理が成立した。

　こうして，日本全国の発送電設備を所有し，その発送電業務を担った日本発送電（ただし送電線は本州と九州とが結ばれただけで，北海道，四国はそれぞれで運用された）と当時の電力経済圏にほぼ一致する9つの地域で配電設備を所有し，配電業務を行う9配電の10電力会社に集約された。

2.2　第2次世界大戦後の電力システム

2.2.1　電気事業再編成の実施

　電力システム改革前の9電力体制とは，第2次世界大戦後の電気事業再編成によって成立した。前述したように，それまでの体制は日本発送電と9配電に

よって構成されていた。GHQ/SCAPは，こうした当時の日本発送電，9配電の体制を政治的，非効率と考えた。というのは，日本発送電，9配電は第2次世界大戦への対応から誕生したこと，日本発送電の経営者は日本政府によって指名されたこと，日本発送電，9配電の10社はプール計算制により経営自主性は失われていたこと，と考えられたからである。そのため日本を軍国主義から民主主義に立脚する国家へと生まれ変わらせること，そのために，日本発送電，9配電体制を再編し，一方で日本経済の早期復興を目指しつつも，他方では地域別に発送配電一貫の民営会社を設立し，その経営を保障しようとした。

　その具体的な方法について，日本政府は第1章でも述べた，第2次世界大戦前に東邦電力経営者であった松永安左エ門を電気事業再編成審議会会長に就任させた。松永は，日本の電力会社の経営者としての経験と知識を生かした再編成案をGHQ/SCAPに提示して納得をさせ，松永の考えに従った形での再編成を成立させた。それは，可能なかぎりで摩擦を回避しつつ，日本経済の早期復興を可能にするため，9配電会社にその営業区域に存在した日本発送電の発送電設備を統合することを原則とした。ただし京浜，阪神の両工業地帯を担当する電力会社には過不足ない電力供給を可能とする供給力を保証しようと，中央本州部の水力発電所の帰属はその所在地ではなく，歴史的に開発してきた地域の電力会社に帰属させるという電源潮流主義（福島県の猪苗代湖は歴史的に関東地方の電力会社が開発したことから東京電力（本節の以降の「東電」とはこの東京電力）に，黒部川や木曽川は歴史的に関西地方の電力会社が開発したことから関西電力に帰属させた）に立つものだった（中瀬，2005）。

　第2次世界大戦前には，日本の電力会社は自社の供給力を踏まえて需要を開拓していたのに対して，電気事業再編成によって成立した9電力は日本電力産業史上初めて，限られた地域における独占的な電力供給の権利が与えられるとともに，電力供給責任を背負ったのである（中瀬，2005）。他方で，与えられた地域への「供給責任」が達成されない場合，9電力は「解体」されるのではないかと恐れた。

　というのは，約400社余りの電力会社の存在した第2次世界大戦前の電力システムでは，大規模な水力発電開発を求める戦時期の生産力拡充計画に対応できないこと，その後の軍需生産の遂行のための戦時電力統制（電力消費規制と

呼ばれた）には対応できないことから，日本発送電，9配電の10社体制へと転換した電力国家管理が成立し，その電力国家管理から，独立採算制度で経営的に持続するために地域別発送配電一貫経営の9電力が誕生した電気事業再編成が実施されたように，これまでに2度も当時の電力会社自らの意思に反して当時の政治情勢，当時の社会と政府によって「解体」され，再編成されてきたという経験を持っていたからである。しかも，9電力成立と同時に設立され，9電力をサポートしていた公益事業委員会は廃止され（電力行政は通産省へ移管された），電源開発株式会社（現在のJパワー）という受け皿が設立された。9電力は孤立化のなかで供給責任の達成を余儀なくされた。

2.2.2　高度経済成長期終了までの供給責任の達成の内実

　次に，9電力がどのようにして具体的に供給責任を達成してきたのかである。電気事業再編成当時は，水力，とりわけ自流式水力発電をベース電源とし，石炭火力をピーク需要の際に活用するという「水主火従」方式に立っていた。そして火力用石炭は日本で採掘される石炭を利用していた。当時は電力供給不足のために度々電力制限が行われており，経済成長，エネルギーセキュリティへの対応は不十分だった。

　そこで，日本経済の発展を考えた場合，上述の「水主火従」方式では不十分だとして，前出の松永安左エ門が理事長をしていた電力中央研究所電力設備近代化調査委員会は4回にわたって「松永構想」といわれた近代化計画を発表した。「豊渇水に左右されない安定した」，低コストの供給源を調達するようにと石炭から石油への転換，水主火従方式から火主水従方式（ベース電源に火力を用い，ピークに貯水池式水力発電を組み合わせるもの）への転換，電力融通体制の構築などを提案した。9電力はこの「松永構想」に従って電力融通体制を構築しつつ，中東原油を利用した，石油火力中心の火主水従方式に従った供給力整備を行った。その過程では，火力発電にかかわる技術革新もあわせてなされた。

　図表2-4で確認できるように，1963（昭和38）年から1973（昭和48）年のオイルショックまでの高度経済成長期において，東電の「発電端計」，つまり供給力全体の伸びが火力発電の伸びと平行に上昇している。東電の供給力は高度

図表 2 - 4　東電の供給力の推移

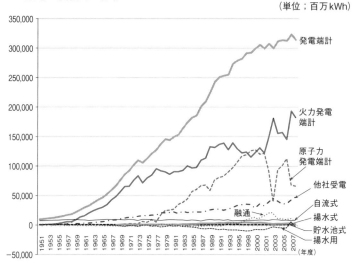

(出所)『電力需給の概要』より筆者作成。

図表 2 - 5　東電の支出の推移

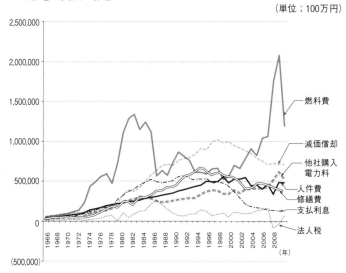

(出所)『電気事業便覧』より筆者作成。

経済成長期には主に火力発電によって賄われていたことが明らかとなる。また**図表 2 - 5** の東電の支出の推移をみると，オイルショック前までは燃料費が抑えられていた点が確認できる。そして1973（昭和48）年のオイルショックは東電の燃料費を激増させて，石油火力発電の活用を控えさせることになり，新たな対応を余儀なくさせた。

2.2.3　改良標準化計画の「成功」と「電力ベストミックス」体制の構築

　前述したように，オイルショックを迎えた時点で，9 電力は当時の体制では経済成長を支えるエネルギーセキュリティを図ることが苦しくなり，1960年代後半には公害問題の激化により環境適合性という課題をも抱えるという八方ふさがりだった。この隘路を解決するものとして，サンシャイン計画といった再生可能エネルギー開発を進めつつも，すでに着手していた原子力発電への期待を高めた。しかし，オイルショック後の，まさにこの時期に皮肉にも原子力発電は度重なるトラブルで大変な事態を迎えていた。BWRではステンレス配管の応力腐食割れ，PWRでは蒸気発生器の漏えいのために設備利用率が高まらなかった（豊田・小林，1984）。

　そこで，当時の監督官庁であった通商産業省は東電，関電の電気事業者，三菱重工業，東芝，日立製作所の原子力発電メーカーに声をかけて，1975（昭和50）年から 3 回，約10年間にわたって原子力発電設備の改良標準化計画を立てて作業を進めた。この計画によってようやく原子力発電所のトラブルは「減少」し，設備利用率は「上昇」した[2]。その結果，停滞していた原子力発電所の建設は再び進んだ（中瀬，2003）。

　原子力が「他のエネルギーとは異質の危険性（軍事転用，過酷事故等の危険性）」（吉岡，2011，47頁）を有するものの，「当座」（放射性廃棄物処理にかかわるコストや原発労働者への十分な補償というコストまでは計上されていないことから，あくまでも「当座」といえる）の経済性は図られ，ウラン燃料は政情の安定した先進国を経由することから安心であり，一度装荷すると問題がな

2）　この後，東電をはじめとして損失隠し，トラブル隠しが頻発する。そのため，「減少」，「上昇」はカッコ付きとせざるを得ない。

ければ定期検査までは発電し続けるというようにエネルギーセキュリティは一応の見通しを得られ，企業側の取り組みで大きな事故が起こらない限りは原子力発電は日常性の中に埋没して目に見えるような形での問題はなくなったからである（開沼，2011）。

　図表2-4の東電の供給力の推移において，1983（昭和58）年度から原子力発電の発電量が右肩上がりに増加している様子が明らかになるとともに，図表2-5の東電の支出推移において，1983（昭和58）年あたりから燃料費が少し上下しながらも抑えられている様子が明らかとなる。

　そして，多額の投資を必要とするためその投資額回収のために止めることのできないという原子力発電を活用する一方で，冷房需要を中心に需要のピークの先鋭化に対応しようと，原子力発電を中心に火力，他社受電，融通等を組み合わせる「電力ベストミックス」という仕組みが作られた[3]。

　この「電力ベストミックス」が築かれた時期には，例えば**図表2-6**の東電の送配電網の整備の様子（左から右へ）からみられるとおり，流通設備が整えられた。以上のような供給体制の整備の結果，日本の電力供給体制は「一方通行」の供給の下で，ITを高度に利用し，経済性をベースに緊急性をも加味して自動的に調整されるシステムとなっており，停電発生の確率を諸外国と比較しても著しく低いもので「スマート」だと評価されるものとなった（山家，2010）。ただしピークロードに対応するために，年間8,760時間のうち200時間という2.3％のために電力設備10％を準備する形だった（伊藤，2012）。ただし，1 kWh電力を供給するにあたってのコストは高まり，総括原価方式に則った料金設定だったことから，電気料金は上昇してしまい，その後，電気料金は高いとして批判を受けることになった。

3）　特に関西電力では，早い時期から原子力開発を積極的に進めたこと，供給区域の関西地域では不況や需要企業の海外進出等のために電力需要は停滞したこと，1990年代初頭の関電美浜原子力発電所での蒸気発生器にかかわる事故を受けて部材の交換等を行ったこと，などから原子力発電の設備利用率が高まり，原子力依存を強めた。関電の取締役の話として，1983（昭和58）年ころから現在の原子力依存体制になったという。「電力ベストミックス」は関電を出発点とするともいわれる（「〈原発列島ニッポン〉全停止へ，先陣切った関電，収益求めフル活用」『朝日新聞』2012年2月18日大阪版朝刊）。

図表 2 - 6　東電の送配電網の整備（1973年度末と1999年度末の）もの

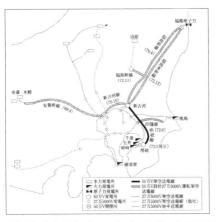

（出所）東京電力（2002a）左839頁，右1008頁。

　以上のように計画的，戦略的に「電力ベストミックス」体制が構築され，9
電力の言う「良質な電気供給」が達成されたのである。電力自由化時代を迎え，
自由化範囲には含まれていなかった電灯分野，つまり家庭用を深掘しようと，
「電力ベストミックス」体制は電力会社をしてガスの世界へと進ませることにな
るが（中瀬，2013a），まずはガス事業の展開を確認しておこう。

2.3　ガス事業との競合

2.3.1　ガス事業の出発

　そもそもガスは1872（明治 5 ）年という明治時代初期から，ガス灯としての
利用から始まり，電灯との争いに敗れて熱利用へと移行した。そこでも薪炭と
の争いとなっただけでなく，台所は「竈（へっつい）さん」のいるところとし
て「火」を神聖視する伝統への対応が求められた。関東大震災は関東地方の多
くの都市ガス設備を破壊したものの，ガス工場やガスタンクの発火は 1 件もな
かったことから，ガスの安全性が確認され，ガス事業者の熱心な営業活動によっ
てガスの普及につながった（日本ガス協会，1997）。1925（大正14）年には瓦
斯事業法が施行され，公益事業として位置づけられた。

第2次世界大戦敗戦前後に都市ガス業界は効率化のため集団化が進められた。東京ガスは横浜ガス，関東ガス，立川ガス，八王子ガス等と合併し，大阪ガスは神戸ガス，浪速ガス，京都ガス，奈良ガス，尼崎ガス，堺ガス等と合併した。ガス管を通じた結合であった。とはいえ，電力ほどの大規模な再編成ではなく，1953（昭和28）年の時点においてもガス事業者は81を数えていた。1954（昭和29）年には新ガス事業法が施行された。

　主要なポイントは，電気事業と切り離してガス事業のみを規制対象とすること，企業の自主性を尊重すること，ガス利用者の利益を擁護しガス事業者の供給区域内での供給義務を優先すること，公聴会制度や苦情申し立て制度等を織り込むこと，許認可手続きを整理し事務手続きを簡素化することだった（大阪ガス，2005）。この法制度のもとでガス事業は発展した。

2.3.2　ガス事業の供給力の整備

　図表2-7にみられるとおり，都市ガスは高度経済成長期に石炭系ガスから石油系ガスへと展開した。この時期，中東から輸入した安い石油を活用したLPガスが登場して都市ガスにとっては脅威となった。というのは，当時の日本政府は国民の住まいを支援しようと住宅公団を発足させたものの，都市ガスの供給エリアは限られており，住宅公団と組んだLPガス事業者によってガスが供給されたからである。例えば，ニチガスというLPガス事業者はLPガスの導管による集中供給を実現した（ニチガス，2011）[4]。また熱利用に移行した後も電化攻勢は厳しかった。

　ガス事業は，オイルショック前後から液化天然ガス（以下，LNGとする）に転換した。都市ガスには量的確保，原料供給の安定性，価格，品質，制御性という5点が求められるとされるが，LNGは「最適ガス原料模索」の結果たどり着いたものだった（東京ガス，1990）。

　とはいえ，LNGへの転換は簡単なものではなく，特にコスト面の対応が重要であった。そこで，1960年代前半，横浜市から大気汚染防止を求められ，苦慮していた東電と共同で購入するところから始められた（1969（昭和44）年アラスカより導入を開始した[5]）。利用を開始すると，LNG転換によってガス製造体系のシンプル化，少人数運転の可能，原料改質ロスによるガス化効率向上，電

図表 2-7　都市ガスの燃料別推移

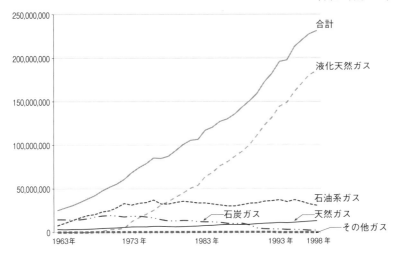

（単位；百万Kcal）

（出所）『ガス事業便覧』より筆者作成。

力，水道等ユーティリティの大幅削減，公害投資の大幅削減が実現してメリットのあるものだった（東京ガス，1990，53-54頁）。

　以前から，ガス事業はガス冷蔵器，ガス炊飯器，ガス風呂，湯沸かし器，ガスストーブ，セントラルヒーティングなどを開発してガス使用を広めてきた。オイルショック以降に石油代替エネルギーとして位置づけられたことから，ガス・エネルギーシステムの開発や各種ボイラーのガス化など技術開発を進めるとともに，産業用LPG契約制度という政策手段の影響で工業用が大きく伸びてガス事業を支えるものに成長した（東京ガス，1986）。2000（平成12）年に入ってから，用途別全国合計では工業用が家庭用を抜いて最大となった。**図表 2-8**は東京ガスの会計数値の推移である。オイルショック以降のLNG転換後，原材

4）　なお，以上のような住宅団地へのLPガスを導管で供給する「導管供給方式」のうち70戸以上からなる団地への導管供給事業を公益事業として取り扱うこととし，1970（昭和45）年4月のガス事業法改正の際に簡易ガス事業と規定して同法を適用するものとした。

5）　LNG供給先についてはインドネシア，オーストラリア，マレーシア，カタール，ブルネイ，アブダビにオマーン，ナイジェリア，ロシアと多様化してリスクを分散している。

図表 2 - 8　東京ガスの会計数値の推移

（単位：百万Kcal）

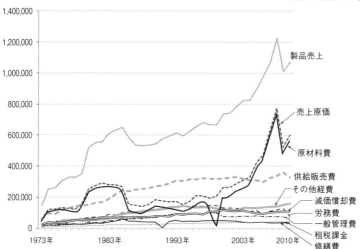

（出所）『ガス事業便覧』より筆者作成。

料費が増加した際は事業利益を抑圧するものの，製品売上の増加の様子が明らかである。大手以外のガス事業者も順次天然ガスに転換を進めた[6]。ガス事業にとってLNG転換は大変重要だった。

　それぞれの事業分野において電気事業，ガス事業は発展してきた。電力自由化の時代を迎え（その後，電力「部分」自由化とされる），電気事業は独占供給下にあった家庭向けを深掘しようと，次に述べるようにオール電化の攻勢をかけていった。それはガス事業にとって家庭用需要の浸食を意味した。

---

6)　天然ガス転換は，東京ガスでは1971（昭和46）年から88（昭和63）年，大阪ガスでは1972（昭和47）年から89（平成元）年にかけて行われた。各家庭のガス器具を1つひとつ転換していくという地道な活動だったがその過程で改めて顧客視点と接した（大阪ガス，2005）。日本国内において大手のガス事業者以外による普及については国が関わる天然ガス導入促進センターに助成してもらい，流通手段として比較的近距離にはタンクローリーが，遠距離用には鉄道輸送が，遠距離，大量輸送用には内航船が活用されている（山口，2009，96頁）。

2.3.3　電気とガスの競合

　電気事業者は，自然冷媒CO_2ヒートポンプ給湯機「エコキュート」と，交流電流の誘導加熱を利用したIHクッキングヒータを開発して住宅の「オール電化」を進めてきた。電気による，ガスの供給してきた調理，給湯，床暖房に対する侵攻だった。こうした発想は夜間に「余っている」原子力発電の電気を有効に活用しようと電力会社が考えたことから始まった。東電は「おトクなナイト 8・10」「スマイル・クッキング割引（電化厨房住宅契約）」制度などを，関電は「はぴ e タイム」「はぴ e プラン」などの料金制度を設けて，顧客に対して「安価」であると宣伝した。操作性，コスト面の関係から，特に中日本，西日本のLPガスの普及地域を中心に，**図表 2 - 9** のように「オール電化」は進展した。

図表 2 - 9　オール電化の普及状況

(単位：%)

新築戸建	2002年度	2003年度	2004年度	2005年度
北海道	14.6	15.5	16.6	26.4
東　北	16.3	20.4	23.8	28.8
関　東	4	7.5	10.6	19.1
中　部	16.8	19.5	29.3	55.3
北　陸	19	34.2	45	55.7
近　畿	23.3	31.2	34.3	39.6
中　国	41.2	46	52.7	57.1
四　国	36.6	48.6	51.5	63.6
九　州	25.9	33.3	45.7	52.3

（出所）ヤノ・レポート（2006 a）2，5，8頁，ヤノ・レポート（2006b）
　　　　2，5，8頁，ヤノ・レポート（2007）12，15，19頁より筆者作成。

　「都市ガス・LPGなどに代わって電気によって熱をつくる機器」であるIHヒーター，エコキュート，あるいはオール電化住宅は，温水洗浄便座，食器洗い機などの「電気によって熱をつくる新たな機器」とともに普及し，**図表 2 -10**にあるように，2005（平成17）年以降電力化率が伸長したのである（竹内，2012）。
　また，**図表 2 -11**のように夜間需要のボトムアップだけでなく昼間需要のピー

クアップをもたらすことになる。電気使用を増やしこそすれ減らすことにはつながらないからである。現実に，東電管内においてオール電化住宅戸数は2002（平成14）年3月末13,000戸から2008（平成20）年3月末456,000戸に，2010（平成22）年末855,000戸へと増加し，08年から10年の3年間で200万kW分，最大で原子力発電プラント2基分の消費電力分が増加した（読売オンライン，2011）。そもそも「発電所で石炭・天然ガスなどを投入しても，電力は40％強しかでき

図表 2-10　民生部門の電力化率の推移

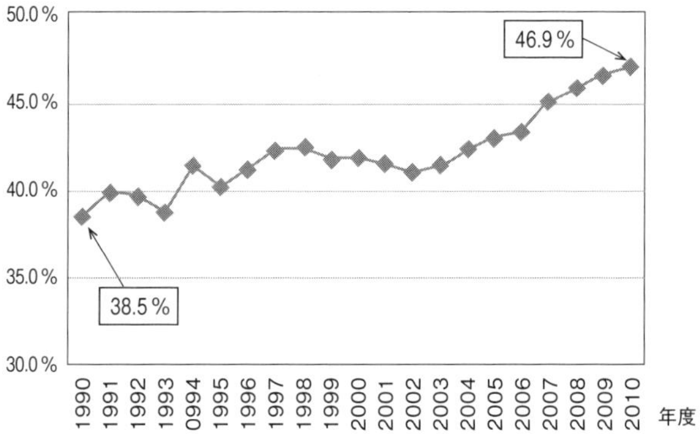

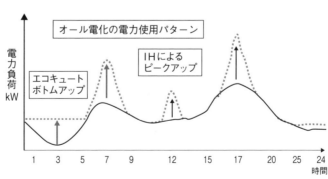

(出所) 資源エネルギー庁総合政策課 (2012) 20頁。

図表 2-11　オール電化の電力使用曲線（家庭用）

(出所) 山岸 (2011) 77頁。

ず，60％弱は発電ロス（転換損失）であり，4％程度が送電ロスになるので，熱をつくる電気機器の効率が95％としても，全体のエネルギー効率は35％程度にしかならない」から，「大量の『熱』を捨ててつくられた電気によって『熱』をつくる」のは大変無駄なのである（竹内，2012，8 頁）。ましてガスで供給できる部分を電気でとってかわろうとするオール電化は二重の意味で無駄だと考えられるのである。

　なお，2012（平成24）年の「電気料金制度・運用の見直しに係る有識者会議」において，東電の電気料金の費用項目にオール電化関係費が盛り込まれていることが判明した。電力会社はオール電化機器向けの電気も供給責任に含められるものと考えていたのであろうか。しかし，オール電化とは，前述してきたように，電力会社側の経営戦略として，ガスによって供給できる財を無駄を尽くして電気によって供給するものである。それはとても電力供給責任に含められる財とは言い難い。「電力ベストミックス」とは上述の世界を作ってきたのであり，供給責任を「変質」させたといえるのではないだろうか。

　東電福島原発事故後には原子力発電の稼働数が少なくなり，夜間の原発からの安価な余剰電力が利用できなくなってオール電化は危ぶまれた。しかし，太陽光発電設備を設けている家庭だとエコキュートの沸き上げ時間を夜間から昼間に変更し，電力会社との契約変更を行うことで有効に利用できることになっている（「エコキュートは昼間に稼働を」『日経ニュースアーカイブ』2022年 9 月 1 日）。2023（令和 5 ）年にパナソニックから新発売されたエコキュートの新機種では専用アプリを通じて太陽光発電の出力を予測し，電力が余る時間帯に自動でお湯を沸かす機能を追加することで，従来機種に比べて太陽光発電の余剰電力の自家消費が約30％増加するなど，オール電化は現在の状況に対応しようとしている（「新型エコキュート，余剰電力賢く」『日本経済新聞』2023年 4 月 7 日）。

　片や，ガス事業はガス・コジェネレーションシステム，家庭用燃料電池のエネファームの開発によって応戦することになった。前述のように，一般の火力発電所においては発電効率40-45％であっても送電ロスが 5 ％，発電所における熱も利用されずに排熱ロスとなって，結局35-40％の効率性だとされる。それに対して，エネファームは家庭に届いた天然ガスを最大で発電45％，発熱

42％を利用できるとして合計で87％という高い効率を達成した（垣見，2018）。まだエネファームのイニシャルコストランニングコストは高いが，特定のエネルギーへの依存を高めないためにも重要ではないだろうか。

2.4　電力「部分」自由化の進展

　1980年代半ばに進展した円高をみて，国際競争を行っている日系メーカーから電気料金引下げへの要求が突き付けられた。これは前節の「電力のベストミックス」体制への「異議」だった。それゆえ電力自由化は，この電気料金の低下を目的として進むものとなる。とはいえ，電気料金の背景にある膨大な固定資産の存在を解消しなければ，総括原価制度の下では問題の解決にはならない。日本の電力自由化はこの課題に対して取り組むことが求められたのである。なお，この時期の電力自由化は，2023（令和5）年現在の電力自由化からみて，不十分，部分的ということで，電力「部分」自由化と評価されている。

　日本のこの電力「部分」自由化は，アメリカ・カリフォルニア州の停電等をみたところから，欧米のような「過激」な自由化策[7]を採用せず，供給の安定性を確保しようとした。この日本の電力「部分」自由化を，上述の歴史的経過にかかわらせて評価しておこう。

　9電力会社の電灯，電力からの料金収入の推移は，**図表2-12**にみるとおりである。2000（平成12）年度以降の横ばいから低下を示しており，競争がもたらした価格の引下げ，新規参入者による販売先の奪取もその原因と考えられる。しかし，2001（平成13）年から2005（平成17）年の電源開発をみた**図表2-13**から，中国電力，四国電力以外の7電力において相当の火力発電のスクラップ化を伴った開発がみて取れる。このことは，**図表2-14**において，2000（平成12）年度以降，1kWh供給のための電気事業固定資産額の低下という形でも表れている。

---

7)　例えば，イギリスでは，発電，送電，配電，供給の各部門に分割して，送配電事業を公衆輸送体化（common carriage）し，発電，供給の分野において自由競争を導入した。ガス事業においても同様の方策を採用した結果，エネルギー企業は電気とガスのデュアル供給を行っている（中瀬，2008a）。

図表 2 -12　　9 電力の 1 kWh 当たり収入額の推移

（単位；円）

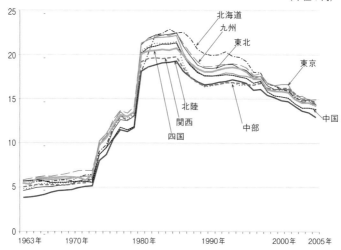

（出所）『電力需給の概要』各年版より筆者作成。

図表 2 -13　2001-05年の 9 電力による電源開発のスクラップアンドビルト

（単位：千 kW）

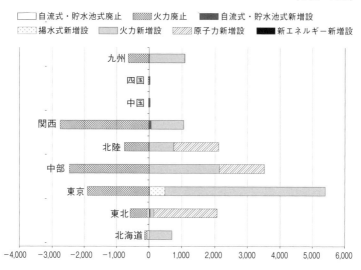

（出所）『電力需給の概要』各年版より筆者作成。

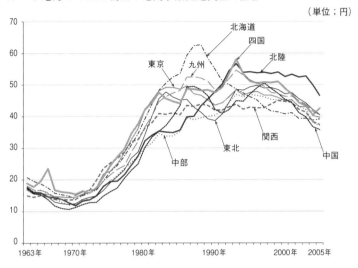

図表 2 -14　　9 電力の 1 kWh 当たり電気事業固定資産の推移

（単位；円）

（出所）『電力需給の概要』各年版より筆者作成。

　　また，9 電力は発電設備をはじめとする設備の償却によって減価償却費を低
下させ，借入金の返済によって支払利息を低下させること等も行った。結果と
して，**図表 2 -15**にみられるとおり，2000（平成12）年度以降，9 電力の資本
金収益率は目覚ましく改善された。なお，第 3 章では東電において，どのよう
に具体的に進められたのかを明らかにする。

　　以上のことから，日本における電力「部分」自由化は，1995（平成 7 ）年以
降に発電市場の開放，小売市場の部分開放（契約50kW以上高圧市場まで），送
配電部門の会計分離，卸電力市場の創設，中立機関（電力系統利用協議会）の
設立となったが，ある意味では，電力「部分」自由化で登場した新規参入者に，
電力供給の役割の一端を「委任」する一方（つまり，需要に対する供給責任の
分散化），経営的にも改善されていると考えられ，一定の評価ができよう（中瀬，
2008b）。

　　しかし，他方で，そもそも「電力のベストミックス」をもたらした原子力発
電については，2000年代初頭の日本政府のエネルギー基本計画にみられるよう

図表 2 -15　9 電力の資本金収益率の推移

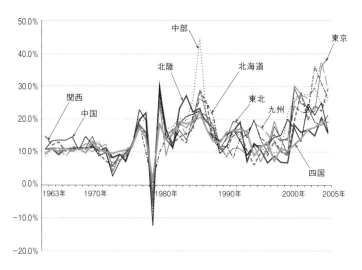

（注）　9 電力各社において収入から支出を引いた差額を，9 電力各社の資本金で割って算出した。
（出所）『電気事業便覧』各年版から筆者作成。

に，むしろ「聖域化」していた。**図表 2 -16**にあるように，9 電力会社間では，電力移出会社（東北電力，北陸電力，中国電力，四国電力，九州電力）と電力移入会社（東京電力，中部電力，関西電力）に色分けされつつある中で，東北電力（東通発電所）が完成し，中国電力（上関発電所）の開発を進めようとしていたことからも原子力発電重視の方向を裏付けていた（中瀬，2011）。

　東電福島原発事故前の日本の電力システムは，以上のように，電力「部分」自由化が行われ，供給責任の一部は他の事業者に委任され，分散化されたものの，電力ベストミックス体制は基本的に変わらなかった。その政策対象は，供給主体である，9 電力を中心とする電気事業者であり，その電気事業者による供給責任の下で総括原価制度に従って供給力が整備されてきたからである。この点は，現在の電力システム改革が競争の場である市場を対象としているのと異なっている。

　それでは，原発事故を起こした東電はどのように経営が推移しただろうか。次章では，原発事故を起こした東電の経営の推移に絞って検討しよう。

図表 2-16　9 電力間の2002年度の電力融通の状況

（単位：千kWh）

受電/送電	北海道	東　北	東　京	中　部	北　陸	関　西	中　国	四　国	九　州
北海道		16,793							
東　北	16,813		8,825,502	3,530	4,217				
東　京		28,947,175		61,473	271,829				
中　部		18,714	184,638		2,451,101	1,384,566	1,795,297	4	1,373,569
北　陸				7,660		610,189	18	4	3
関　西				1,429,847	3,576,804		3,511,616	7,853,819	1,139,191
中　国				39	1,730	49,178		22,944	15,647
四　国				8	1	13,445	22,952		6
九　州				17	4	19	15,656	2	
送電計	16,813	28,982,682	9,010,140	1,502,574	6,305,686	2,057,397	5,345,539	7,876,773	2,528,416

（出所）経済産業省（2003）170-173頁。

第 3 章

東京電力の
経営推移と原発事故

　「まえがき」において東電福島原発事故に関する各種の報告書について触れて
おいた。東電のそれまでの経営行動と今回の原発事故の関係を詳細に検討した
研究は管見の限り見当たらない。そこで，本章では 9 電力のリーダーであった
東電のそれまでの経営行動に，今回の過酷事故につながる要因はないかとの問
題意識に従って，東電（2002a）を参考に（引用箇所についてはページ数を表記
している），中瀬（2013a）（2013b）（2018b）に加筆修正して，歴史的に東電の
経営行動を分析する。

3.1　東電の経営基盤形成期（1950年代）

3.1.1　東電による供給力の推移

(1)　電気事業再編成時における東電の供給力構成

　東電（2002b）によると，東電発足当時の設備は，水力242カ所，1,459,638 kW，
汽力 5 カ所，356,000 kW，内燃力 4 カ所，520 kW となっており，水力中心の電
源構成であった。このときの東電の基幹系統図は**図表 3－1**のようになってい
た。猪苗代系，信濃川系，甲信系の水力発電所から電力が送電され，京浜地域
の火力発電と併用されるというあり方だった。

　水力中心であったこの時期を反映して，**図表 3－2**に明らかなように1950年
代前半の東電の発電電力量において水力，とくに自流式水力発電が抜きんでて
いた。

図表 3-1 東電発足当初の基幹系統図（1951年）

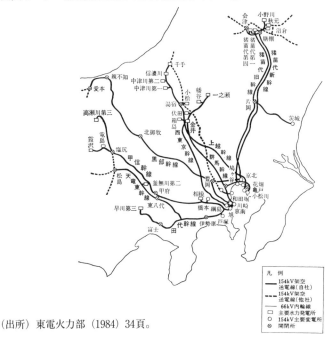

（出所）東電火力部（1984）34頁。

図表 3-2 東電の発電電力量の推移（1951-61年度）

（単位：百万kWh）

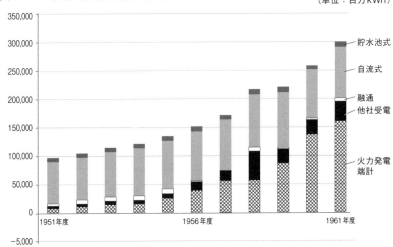

（出所）『電力需給の概要』より筆者作成。

　上述のように，東電の水力発電所は猪苗代系を除いて多くの発電所が自流式であったこと，他方で火力発電は多くなく，それからの補給もままならないため，「その結果，渇水時には電力の需給が異常に逼迫し，しばしば強度の需給調整を行うことを余儀なくされていた」(726頁)。貯水池式水力発電所，火力発電所といった最大電力の充実につながる供給力の整備が求められていた。

(2)　火主水従へと向かう東電による供給力の整備過程

　1951（昭和26）年から1960（昭和35）年にかけて，全国の使用電力量は2.7倍に増加し，9電力会社の電灯・電力計では2.8倍に拡大したのに対して，東電ではそれ以上に増加した。販売電力量は72億6,100万kWhから222億100万kWhへと3.1倍に急増した。その要因は，東電の「供給区域が東京ならびに京浜工業地帯という，わが国の政治，経済の中心地を擁し」，経済復興や高度経済成長が「この地域を中心に進められたことによる」(723頁)。

　以上のような電力需要の伸びに対して，東電は，抜本的に供給力を増強しようと，大容量の新鋭火力発電所にベースロードを，調整機能を有するダム式水力発電所にピークロードを担わせる火主水従という電源構成を目指した。というのは，第1に「水力の発電単価が火力の約半分のkW当り3円台であった」ものの，「工事所要期間が水力の5年に比べ，火力は2年と短かったことから早急に供給力不足を解消する」(東電火力部，1984，40-41頁)ことが可能だと考えたこと，第2に東電発足時に継承した水力発電設備は，前述のように自流式水力発電所が大半であり，そもそも戦前から水力開発が進んでいた関東地方には「新規の大規模開発地点がほとんどない」(735頁)状態だったこと，が原因だった。その際，水力の調整機能をそれまでの冬季における出力確保対応から日々のピーク対応へと転換させた。

　以上のような火主水従の電源構成は，他の8電力にも共通するものだったが，とくに東電では熱心に取り組み，前出の図表3-2で明らかなように，1950年代半ばから火力発電量が急増し，1959（昭和34）年度には水力発電量を凌駕した。

　なお，この時期の東電の火力開発の特徴とは，第1にユニットの大容量化，第2に東京湾岸での立地，であった。第1のユニット容量の増大に関しては，

千葉火力の1号機および3号機，横須賀火力の1号機が，いずれも日本の火力発電容量の最大値を更新したこと，技術面では，1号機は輸入に頼っても2号機以降はその経験を生かして国産機を採用する「1号機輸入，2号機国産」という特徴が注目された。そして，タービンと発電機を2軸とするクロスコンパウンド方式という新技術の採用，東京湾岸への立地に関連して発電所の塩害対策の実施，軟弱地盤における構造物面での進歩なども行われた。

そして，東電は，早くもこの時期から原発事業に着手していた[1]。1953（昭和28）年のアイゼンハワー・アメリカ大統領の「平和のための原子力」演説を受けて，社内に原発調査委員会を設け，1955（昭和30）年11月には他の電力会社にさきがけて社長室に原子力発電課を新設し，基礎的な調査と研究が推進された。1956（昭和31）年6月には東芝，日立製作所の両グループと協力して，それまで文献中心であった調査から一歩踏み出し，原発に関する実際の設計や計画となる研究を行おうと東電原発協同研究会を組織した。その研究会では，総合計画，原子炉，制御と計測，タービン補機，遠隔作業装置，化学処理などがテーマとなった。1960（昭和35）年10月には原子力発電課が社長室から技術部に移管された。

この時期の流通設備の整備に関しては，前出図表3-1のように発足当初の東電の送電系統は，主として電源側の水力発電所と京浜地区周辺の拠点変電所とを結ぶ放射状の15万4,000V送電線，および東京周辺を取り巻く6万6,000V内輪線の両者から構成されていた。しかし，前述のように，1950年代半ば以降の火主水従化に基づいて東京湾岸地区での大容量火力電源の運転開始が見込まれ，既設の送電線では容量不足に陥ることが明らかとなった。そこで，以下のように，27万5,000V線の体制で対応しようとした。

つまり，①東電の信濃川水系，電源開発株式会社の只見川水系および佐久間発電所の発生電力はそれぞれ27万5,000Vで送電する，②これらの電源送電線を

---

1)　9電力としては原子力発電準備委員会を中心に「原子力発電会社」の設立準備を進めていた。1957（昭和32）年7月12日には木川田一隆ほか原子力発電準備委員の5名が原子力委員会を訪問して「民間企業として十分やって行ける見通しがたった」としたうえで，「初期における原発の研究段階を考慮して共同出資による『原子力発電会社』が担当することが望ましい」と申し入れた（741頁）。

相互に連係し，京浜地区を半円状に囲む千葉火力から横須賀火力にいたる27万5,000V外輪系統を構築する，③この外輪系統には東東京，北東京，中東京，南東京（のちに京浜）などの27万5,000V変電所を新設して，京浜・京葉地区における電力供給拠点とする，などであった。

配電設備については，1950年代後半になり，資金面や資材面で余裕ができたこともあってそれまでの対症療法的な措置から本格的なものへと転換した。すなわち，①都心の一部を除いて高圧配電線を全面的に6,000Vに昇圧する，②低圧配電については100/200Vの単相3線式を拡大する，③負荷密度の高い銀座・京橋地区や新宿の繁華街に対しては2万2,000V配電を検討する，④配電用機器の革新を図って設備を近代化する，などであった。流通設備でもレベルアップが図られた。

以上の結果，東電の電力流通設備の効率は著しく向上した。1951（昭和26）年度から1960（昭和35）年度にかけて，東電の総合損失率は25.3％から14.1％へと11.2ポイントも低下し，送配電損失率も24.4％から10.7％へと13.7ポイントも減少した。事故率についても，1951～60（昭和26～35）年度における東電の送電系統関係の事故率は，送電線では100kmあたり年間9.7件から8.6件へ，変電設備では1カ所あたり0.8件から0.5件へと減少していた。

3.1.2　当該期における東電の資金調達

上述の設備投資にあたり，電源開発の推進が国の重点施策の1つに掲げられていたこともあって，1950年代前半，9電力は日本開発銀行からの融資を中心として，長期・低利の財政資金の供給を受けており[2]，東電も例外ではなかった。

東電は日本開発銀行を中心としつつ多様な金融機関から借り入れを行った結果，借入金利は6.6％から6.9％の範囲で調達することができた。1960（昭和35）年時点での各種銀行の貸付金平均利回りと比べてみると，債券発行銀行のそれ

---

[2] 日本開発銀行開業時に基準金利は10％とされていたが，9電力に対する貸付金利は7.5％の特別金利が適用され，さらに1954（昭和29）年2月には6.5％へと引き下げられた。償還期間についても当初から最長の30年が適用されるなど，電気事業は優遇されていた。

よりも2.7ポイント，都市銀行のそれに対して1ポイントほど低かった。借入期間では，1955（昭和30）年度末の時点で日本開発銀行のそれが30年間であり，債券発行銀行の10年間，信託銀行協調融資の5年間，生命保険団協調融資の3年間よりも相当に長期だった。大変有利な借り入れ条件であった。

　また，東電は外資借款をも活用した。1950年代の千葉火力発電所と横須賀火力発電所の建設に際して4回にわたって外資借款を行った。外資借款自体は東電の資金調達においてそれほど大きなウェイトを占めたわけではなかったが，他の資金よりもいっそう長期・低利であり，融資条件も寛大だったのである[3]。

　東電は，頻繁に増資も行ったものの，資金調達の規模があまりに大きかったため，東電の資本構成はしだいに悪化した。1951（昭和26）年度末から1960（昭和35）年度末にかけての自己資本比率は74.4％から31.0％へと大きく低下した。設備投資のために借入金を中心に資金調達して自己資本比率を低下させたのは9電力会社に共通していたが，とくに東電の自己資本比率の低下幅43.4ポイントは，9電力会社合計の同35.4ポイントを大きく上回るものだった。電源開発資金を自己資本から調達することが求められた。

3.1.3　東電内部のマネジメントの状況

(1)　経営層の状況

　前述してきた経営行動はどのような経営層によって率いられたのだろうか。首都東京への電力供給という役割もあり，とくに公益事業委員会と日本発送電の間で東電の経営陣について激しい議論が展開された。結局，新木栄吉会長，安蔵弥輔社長，高井亮太郎副社長，菅琴二副社長で出発した。その後，1954（昭和29）年末には取締役会のメンバーが大幅に若返るとともに，「社外出身から社内出身」へと役員構成の重点が移行した。すなわち，猪苗代水力電気，関東配電の最後の社長を務めていた高井亮太郎を社長に，東京電灯出身の木川田一隆副社長と岡次郎常務，日本発送電出身の近藤良貞常務が助けるという「社内」出身者中心の体制のうえに菅礼之助が会長職に座った。「清新で強力」な東電首脳部のもとで，企業としての方針が明確に打ち出され，強力に実行されるようになった。

　たとえば，1954（昭和29）年10月に実施された料金改定をきっかけに，同年

12月「経営合理化運動要綱」に基づいて経営合理化委員会が組織された。というのは，東電ではちょうど新鋭火力発電所である鶴見第二火力（1955（昭和30）年 1 月），新東京火力発電所（1956（昭和31）年 2 月）が運転開始する時期に当たっており，資本費の増大，電力原価の高騰が料金改定を余儀なくさせたと考えられたからであった[4]。東電の経営陣はようやく落ち着いたかに見えた。

　しかし，1958（昭和33）年10月に，東電は「石炭事件」によって，「まったく予想もしない試練にさらされ」，「清新で強力」だった経営陣は交替を余儀なくされた。同年10月14日に東電鶴見火力発電所の技術課分析係員が，石炭納入業者から多額の現金を受け取る見返りに，石炭のカロリーや湿分測定をごまかしていたという疑いで警視庁に逮捕された。この事件は東電の上層部にも波及し，鶴見火力発電所の所長をはじめとする 8 名，および本店石炭課の課員 2 名，さらに近藤常務（のちに無罪判決）が起訴された。

　同年12月 8 日，東電では社会に対する責任を明確にするため，社外非常勤の取締役を除く会長・社長以下の常勤取締役全員が辞表を提出し，翌 9 日の臨時取締役会で善後策が協議された結果，会社を刷新・改革する必要から，全取締役の要請を受けた菅会長は留任するものの，高井社長は辞任，木川田副社長は常務に降格，岡常務は辞任，身柄拘束中の近藤常務は辞任，寺田常務は取締役に降格となった。これらの措置を決定したあと，取締役の互選によって青木均一が社長に選任された。さらに，①常勤取締役全員の役員報酬を減額すること，②当分常務取締役会を廃止して幹部役員会を開催し，合議連帯制を実施すること，③職制改正や人事刷新などを断行するため，新社長の指名による再建委員会を設置することを決定した。

　1959（昭和34）年 2 月には「廉潔・明朗な社風の高揚」を「業務運営の基本

3）　1954（昭和29）年 6 月の千葉火力 1 号機の主要機器輸入代金の支払いでは，アメリカ GE の販売会社であるインターナショナル・ゼネラル・エレクトリック（IGE）社と総額998万9,000ドルの借款契約を，1957（昭和32）年 5 月の千葉火力 3 号機の機器輸入に関しては IGE 社のほかアメリカ輸出入銀行の融資参加を得て総額1,395万7,000ドルの借款契約を締結するなどした。

4）　この料金改定の認可に際して，通商産業大臣から，企業合理化の推進が特に要請されたこともあった。

方針」の第1の柱に掲げ，不祥事の再発を防ぐための改革に取り組んだ。ちょうど，日本経済は岩戸景気という高度経済成長を迎えて電力需要が急増しつつあった。東電は，電源開発をはじめ諸設備への投資を増大させ，その結果企業規模が拡大したことで，改めて経営管理全般を合理化・近代化する必要に迫られていた。同年4月に長期企画委員会を新設して経営全般にわたる総合計画の作成にとりかかることとし，電力需要想定，電源開発・基幹系統建設計画，送変配電設備建設計画，資金・燃料計画および原価想定，管理・組織および人事計画の5部門部会を設置した。この長期企画委員会における計画の検討は1975（昭和50）年までの17年間が対象とされ，1959（昭和34）年12月までに各専門部会がそれぞれ答申を社長に提出した。前述したように1950年代には当座の対応という形で供給力が整備されていたが，この時期以降は計画性をもって対応される体制が作られた。

　1960（昭和35）年には常務会を制度化して，1961（昭和36）年8月には長短期需要想定，予算編成方針，長短期需給計画，店所業績測定などを担当するゼネラルマネジメント・スタッフとして企画室が設置されるとともに，業務執行責任を大幅に室部長へ移譲した。以上の措置は，日常的業務の執行は室部長や店所長などミドルマネジメントに任せ，トップマネジメントは主として戦略的意思決定に携わるという体制の確立を意味した。

　そうした中で，東電は，東京電灯出身で，電気事業再編成時に松永安左エ門をサポートした，副社長の木川田一隆を経営トップに据えた。

(2)　労働組合との関係

　1950年代後半期には，労働組合との関係が協調的なものとして確立された。1953（昭和28）年8月に公布されたスト規制法により，電気事業では電源スト・停電ストが禁止されることになった。しかも，政府の解釈によって発電，送電，給電，変電，配電，保守など電力供給に直接かかわる職場放棄も禁止の対象とされていた。

　以上のもとで，1960（昭和35）年6～7月に東電労組の定時大会が開かれ，夜を徹して激論が交わされ，最終的に中立堅持を主張する修正案を否決して，電労連の全労一括加盟を承認した。さらに，同大会においては生産性の向上につ

いて，「より積極的な政策でこれに取り組み，技術革新が労働条件や生活の向上に結びつくための努力を行う」という方針が修正案を退けて可決された。「組織統一後，激動をつづけた東電労組内部の相克も，1960年の大会でようやく終止符が打たれることになった」(756頁)。

東電の労働協約は，関東配電株式会社労組との協約をそのまま継承した。同協約は第 1 条（目的の確認）において，労使関係の基本的あり方と協約締結の目的について，とくに，「一　電気事業は，需要家の福祉と産業の興隆に重大な関係を有しているので，公共に対する特別の義務と責任の忠実な履行によって，その健全な発展を期し得るものである。二　従って，会社組合間の紛議は，常に公共に対する奉仕を無視することなく解決せられるよう，相互間において努力せられるべきであることを，ここに会社と組合は確認する」とされた。この労働協約は「敗戦直後からの無秩序な労使関係を正常化しようというねらいが込められていた」。つまり，公益事業としての社会的責任を労使関係の基本理念とし，労働組合の行き過ぎた既得権を正常な範囲内のものに押し戻すことを目指すなどとした特徴を有していた。以上のような「基本的部分は，電気事業再編成や労働組合の統一，また各年度の改定を経ながらも，今日まで受け継がれて」(757頁)いる。東電の労使は「安定」した関係に落ち着いた。

3.2　東電の経営基盤確立期（1960-80年代）

3.2.1　木川田の理念とそれに沿った経営行動

⑴　木川田の理念

木川田が東電の社長を務めた1961（昭和36）年から1971（昭和46）年までの10年間は，「今日にいたる東電の全歴史のなかでも特筆すべき時代であった」。その特徴は，「質的経営の時代」と「社会的経営の時代」という 2 つのキーワードで示される。第 1 のそれは，「1951年の発足から1961年までの最初の10年間，東電は，同時に誕生した他の 8 電力会社と同様に，ひたすら目先の課題である電力不足の解消に明け暮れた。木川田の表現を借りれば，それは『量的経営の時代』であ」り，それを「質的経営」に転換する必要があるとした。「量的経営から質的経営への転換の本質は，目先の課題の消化に追われる受動的経営から，

戦略的観点に立った能動的経営に移行すること」だという。第2のそれは，「社会的経営の時代」であり，企業の社会的責任を強く意識したものだという。東電による公害問題への取り組みはこの流れにある（810頁）。

　木川田によると，「社長に就任してさっそくうち出したのは『企業の体質改善』と『投資効率，資金効率の向上』と『サービスの向上』の3つだった。当時わが国経済は，高度成長期に当たっていたので，当社の需要は予想外に多く，供給設備の拡張に追われていた。だから東電は，需要家からの量の要求に追われて『分量の確保』に奔走するといった受け身の経営にとどまらないわけにはいかなかった……それで，必要なお金は，おもに外部の借金で賄われたので，会社の体質は悪化し，弱体化していて，36年の料金改定はあっても，従来の方針でいくと，ここ数年もたてば，再び料金改定の苦杯をなめざるをえなかったのである。経営改革の直接の必要はここにあった。できるだけ社内の蓄積を高めて企業の体質を健康にし，巨額に上る建設費も，質的に吟味し，選択して極小にとどめ，借金を減らすことによって，まず料金を長期に安定する基礎固めをすることが第1。その上に立って，よいサービスを提供して，社会に対する奉仕活動を積極的に繰り広げようとねらったのが，この経営の根本方針だった。だからこれを別のことばでいえば，従来の『量を中心とした受け身の経営』から『質を重点とした能動的な経営』に転換するものだった…しかしわたくしがここに質の重視といったのは，一般的にいわれるように単純な利潤追求だけではなかった。もともと経営に当たっては，会社の一方的な利潤ばかりでなく，広く，従業員や株主，需要家などいわゆる社会全体の福祉を増大するように経営することが肝心であろう。とくに公益事業としては，狭い私益とこうした広い公益とを調和することで，事業の発展が社会の生活福祉の増進に寄与するという考えが根底に流れていた。だからわたくしの経営改革の力点とした質の尊重は，わたくしの日ごろ唱えている社会性の尊重にも相通ずるものであった」（木川田，1992，208-210頁）。

　以上に示されている木川田の想いは，「国家を電力に介入させず，電力の自立を維持するための国家との戦いだった」（田原，1986，15頁）点を反映している[5]。というのは，東京電灯在籍時の調査部時代，「過当競争と国家統制との弊害を身をもって経験したわたくしの結論は，人間の創意工夫を発揮するため

には，民有民営の競争的な自由企業とすること，電源部門と配電部門を分割する現状は，責任経営上面白くないので，これを縦の一貫経営に改めること，そして全国1社は，需要家に対する行き届いたサービスを提供する上から不都合なので，適当に地域的に分割すべきこと—これらの原則を貫くことが理論的にも実際的にも最も妥当であるとの確信をもっていた」（木川田，1992，177頁）からだった。

　東電としては，上述の点を1963（昭和38）年11月の「経営刷新方策の展開—量の経営から質の経営へ」という方針において具体化した。そのうち，重点的施策として，人間能力の開発，長期経営計画の策定方針の転換，経営管理方式の改革という3点をあげた。第1の「人間能力の開発」とは質的経営を行う上で重要なもので，「企業の能率向上」と「社員の人間尊重」を柱にし，研修制度の充実，検定制度の創設，専門職制度の創設，職場環境の整備を内容としていた。第2の「長期経営計画の策定方針の転換」とは，長期計画を，上述したように「従来の量的方針から経済性すなわち質的方針に準拠して」策定することをいう。その際内部留保の充実，投資効率・資金効率の向上，サービスの向上を3大目的とした。たとえば，設備計画としては，負荷曲線に適合した水火力電源，基幹系統の電力潮流面よりみてバランスのとれた電源配置などを重視した。第3の「経営管理方式の改革」とは，質的経営を推進するために，その基底である人間能力を開発し，新方針に基づく長期経営計画をよりどころにして，従来の事務的管理から経営的管理へと改め，会社を有機的一体として総合性，機動性を発揮させることを狙いとするものだった（176-184頁）。

5）電力会社と日本政府の対立はその後もみられているという。東電福島原発事故後に東電社長となった広瀬直己を推す東電の生え抜き組と日本政府のサポートを受けたJFEホールディングズから東電会長となった数土文夫らのグループとが水面下で対立し，結局，日本政府が有力財界人の後押しを受けて，2017（平成29）年3月末の東電の経営トップの交代につながったという（「電力を問う『改革の行方，3』東電，国との暗闘　トップ人事，生え抜き『完敗』」『朝日新聞』2017年4月16日付朝刊）。この結果，会長の数土氏は退任し，その後任に日立製作所名誉会長川村隆が，広瀬直己は社長を退任して副会長に，後任社長には主流とは言えない取締役の小早川智明が就いた。

(2)　高度経済成長期の東電の供給力の整備

　上述した木川田の思想は，供給力整備の点で以下のように展開した。つまり，まずは1950年代後半から進めてきた火主水従方式をいっそう強化するものだった。というのは，第1に，火力技術の革新を背景としてユニットの高効率・大容量化を進めて，熱効率の顕著な上昇につながり，また大容量化はkWあたり建設費の低下となってそれぞれ発電コストの低減に寄与したからである。第2に，1960（昭和35）年5月に重油ボイラ規制法が改正されて重油専焼火力の運転が可能になり，「安価」な重油価格の恩恵を受けることができたからである[6]。

　ただし，重油価格，原油価格の低下には電力業界の戦略もかかわっていた。というのは，1960～1961（昭和35～36）年度にかけて電力用重油価格が大幅に下落した背景には，電力業界がC重油の高価格を問題視しはじめ，原油の代替燃料としての可能性に注目して火力発電での原油燃焼，いわゆる原油生炊きの実施をしたからだった。1957（昭和32）年以降，電力業界は電力中央研究所を中心として原油使用時の燃焼性・保安等に関する実験を繰り返し，1959（昭和34）年には電気事業連合会が原油燃焼の認可を通産省に要請するなどして石油業界に揺さぶりをかけた。結局，電力業界は重油価格の引下げと原油生炊きとの両方に成功し，通産省もエネルギーの低廉供給の見地から，基本的には電力業界の主張を追認した。その結果，1950年代には炭価と同水準にあった重油価格は，1960年代には原油価格の水準にまで下落したのである（小堀，2011）。

　以上の状況のもと，東電は，1962（昭和37）年8月運転開始の横浜火力発電所を最初の重油専焼火力発電所として開発した。次の五井火力発電所も重油専焼火力にするとともに，「五井火力1号ボイラは，石炭・重油両用の横須賀火力1・2号ボイラと比較して，出力は同じにもかかわらず，加熱面積では約2分の1，火炉容積に至ってはほぼ3分の1ときわめて小型化した」（東電火力部，1984，65頁）。1964（昭和39）年8月の五井火力2号ボイラには東電初の

6）　中東，北アフリカにおいて相次いで大型油田が発見され，採油技術の発達がそのコストを引き下げ，またタンカーの大型化やパイプラインの整備といった輸送費低下などで石油価格は低廉化していた。しかし，日本政府は国内石炭産業を保護するため重油消費を抑制していた。単位発熱量あたりの価格において重油価格が石炭のそれを逆転して，重油専焼火力が認められた（東電火力部，1984）。

貫流ボイラを採用しており，その結果，ボイラの小型・軽量化につなげた。1967（昭和42）年12月運転開始の姉崎火力は，日本で初めて超臨界圧60万kWユニットの火力発電所とし，設計熱効率は35万kWユニットでの39.8％から40.3％へと引き上げた。

　また，1969〜1971（昭和44〜46）年に東電は，火力発電の運用にも機動性をもたせるため，品川，川崎，横須賀の各火力発電所構内にガスタービン発電所を新設した。これらの発電所は起動から全出力運転までの所要時間が20分程度と，従来の火力発電設備に比べてはるかに短くてすみ，しかも建設費が低廉であった。これらガスタービン発電所は，需給逼迫時のピークロード用電源となるとともに，系統事故等で関連系統が全面停止した場合に備える起動用電源ともなった。

　こうして新たな技術を取り入れた東電の火力開発の急速な進展にともない，同社の火力発電所のユニットは，26万5,000kWから60万kWへと著しく大容量化したのみならず，蒸気圧力・蒸気温度および設計熱効率などの面でも効率化を実現した。以上の火力発電の技術向上を背景に，**図表3-3**のように火力発電

図表3-3　東電の発電電力量の推移（1962-74年度）

（単位：百万kWh）

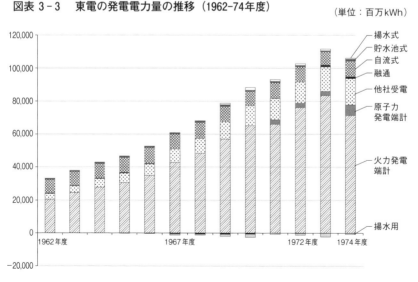

（出所）『電力需給の概要』より筆者作成。

電力量は大きく伸びた。1961〜1973（昭和36〜48）年の時期には東電の燃料消費量は著しく拡大し，重油換算値でみた総燃料消費量は，1961（昭和36）年度の411万klから1973（昭和48）年度の1,927万klへと約4.7倍も増大した。

　他方で，以上のような火力開発にあたり，東電は，木川田の「社会的経営」の理念に従う形で，公害問題に取り組んだ。まずは硫黄酸化物の低減に向けて，社内において，1962（昭和37）年9月に燃料対策委員会をはじめとして，1964（昭和39）年2月に公害対策委員会，1968（昭和43）年6月に公害総合本部を設置して検討を進めた。その結果，集合高煙突の採用，集じん装置の設置によるばいじん対策，Sox対策としての硫黄分の少ないミナス原油，ナフサの利用，LNGの導入[7]といった燃料レベルでの対策を採用したり，排煙脱硫方式の研究を進めた（東電火力部，1984，148-157頁）。1970年代には東電は，従来のSox，ばいじん対策に加え，光化学スモッグによる被害の発生で社会問題化するようになったNOx排出量を削減しようとボイラメーカーとの協力により，NOx削減に効果的な排ガス混合法および二段燃焼法，低NOxバーナーの採用など燃焼改善対策を実用化した[8]。

　さて，以上の火力開発に対して水力はどのように開発されただろうか。この点は1950年代後半と同じ傾向を一層強め，揚水式水力発電所の開発に進んだ。1960年代後半に入ってから夏季ピークへの移行にともなう昼間ピークの尖鋭化という事態に対し，貯水池式発電所による調整能力では不十分で，デイリーピークの調整にもっとも適合的な揚水式水力発電所が必要とされるようになったからである。1965〜1967（昭和40〜42）年に運転開始した利根川上流の矢木沢発電所が，そして梓川では再開発プロジェクトとして3つのアーチ式コンクリートダム（奈川渡，水殿，稲核）を築造して貯水池，調整池を設けて，安曇発電

7）　1965（昭和40）年東京ガスより，アラスカLNGの共同導入が申し入れられ，木川田のリーダーシップによって南横浜火力発電所に導入することが決められた（東電，2002a，東電火力部，1984）。その後，新設の袖ケ浦火力，既設の姉崎火力，五井火力でもLNGが利用できるように改造された。

8）　こうした公害対策は，ひとり東電だけではなく関西電力でも取り組まれていた（関西電力，2002）。

所，水殿発電所の2つの揚水式発電所を建設して，「大幅な出力増加とピーク用電源の確保をねらった」（829頁）。

あわせて，出力規模の小さい小規模水力を対象に（1963（昭和38）年には500kW程度以下，1971（昭和46）年には3,000kW以下），非効率性を検討して休・廃止を決定した。また水力発電所の無人化・集中制御化を進めた。

流通設備については，東電は50万V送電の開始とともに，27万5,000V地中系統の都内導入を進めた。1960年代半ば以降になると都市化や過密化がいっそう進展し，また業務用電力を中心とする電力需要も急伸したことへの対応だった。変電所の大容量化の進展の際，変電設備のコンパクト化にも取り組んだ。1964（昭和39）年8月，水力のAFC（Automatic Frequency Control，自動周波数制御）適用拡大に加えて，火力についてもAFCの適用を開始した。これによって，短周期の負荷変動に対して出力を柔軟に追従させることができるようになり，周波数の安定化に成果をあげた。以上の供給力整備の流れの中で原子力開発が取り組まれていく。

(3) 原発への取り組み

当時，福島県双葉郡では地域振興を目的に工業立地を熱心に模索しており，また福島県も独自の立場から双葉郡への原発誘致を検討していた[9]。こうしたなか，1960（昭和35）年5月に福島県の佐藤善一郎知事から，双葉郡の大熊町と双葉町にまたがる旧陸軍航空基地および周辺地域に原発を建設するプランが東電に打診された。このプランはそれまで行われてきた調査・検討の要件に沿うものであり，東電は同地点に原発を立地する方針を固めて，1960（昭和35）年8月に福島県に対して正式に用地確保の申し入れを行った。その後，同年11月の福島県による原発誘致計画の発表があり，1966（昭和41）年12月の漁業補償問題の解決などを経て，1968（昭和43）年9月には大熊・双葉両町をあわせて約310万㎡にのぼる福島原発の用地買収をほぼ完了したとされている。

9）　1958（昭和33）年ごろ，木川田は当時衆議院議員で，その後福島県知事となる木村守江から，大熊町，双葉町の貧しい寒村のことを相談されて，地域おこしに原発を持ち出したという（田原，1986）。

上記の流れのなか，1962（昭和37）年9月21日の東電常務会において，木川田は「当社も，いよいよ原発を建設します。原子炉のタイプは軽水炉，GEのBWR，第1号炉は出力40万kWの予定。福島県双葉郡大熊町です」と，有無をいわさない，きわめて断定的な口調で述べたという（田原，1986，55頁）。当初，木川田は原発に対しては消極的だったという。副社長時代に，企画課長成田浩から，原発事業への着手を上申されても，「原子力はダメだ。絶対にいかん。原爆の悲惨な洗礼を受けている日本人が，あんな悪魔のような代物を受け入れてはならない」と答えて反対した。しかし，その後，豹変して，成田を呼んで，「原発の開発のための体制づくりをするように」と命じた（田原，1986，63頁）。その理由として「これからは，原子力こそが国家と電力会社との戦場になる。原子力という戦場での勝敗が電力会社の命運を決める，いや，電力会社の命運だけではなく，日本の命運を決める」と考えたからだった（田原，1986，55頁）。木川田社長はこの時期から原発開発が民間会社と日本政府とのエネルギー問題の焦点になると踏み，前述のように国家との対決，政府からの自立を目指して取り組もうとしていたと考えられる。

　そして，GEに対する「盲信」とさえ表現できる信頼感をもって[10]，東電は1966（昭和41）年12月にGEと福島原発1号機に関する契約を締結した。この契約は，①着工から運転開始まで受注者が全責任を負うターンキー方式をとる，②建設工期遅延のペナルティーを課したり，運転開始後の保証期間を国内契約なみに長くしたりするなど，保証条件を厳しくする，③原子力損害の賠償についても法に基づき明確に規定する，④上限価格を決めたエスカレーション条項を採用する，⑤契約本文は日英両文を正文とする，⑥契約上の係争となった場合には日本の裁判所で解決する方式をとる，などの点で特徴があること，他に安全性・信頼性の高いものが得られる場合は極力国産機器を採用し，日本企業に請け負わせるという条件も付された。これらの内容は，従来の東電における外国契約の慣例を破った画期的なものとして，その後の国際契約のひな型ともなった。

10）　1970年代半ばに東電福島第一原発で故障が続発した際，木川田はGEに対して，信頼していたからこそ，激しく抗議したという（田原，1986）。

　なお，日本における原子力開発とはNPT（核不拡散条約）にかかわる，非核兵器国における「奪い得ない権利」としての平和利用だと見る向きもある。すなわち，「第 2 条において求められている非核兵器国の不拡散義務は，この条約に入らなければ得ることが可能であったかもしれない利益を失わせることになるため，非核兵器国は，それを補うための何らかの補償があってもしかるべきと考えた。そのため，その不利益を緩和し，負うべき義務との間でバランスをとる措置が必要であった」。それらの措置とは，非核兵器国が核兵器の保有を禁じられることによって生じる，核兵器国に対する安全保障上の不利益の緩和措置である。非核兵器国は核兵器の保有を認めるものの，核兵器国は核兵器の廃絶に向けて誠実に交渉する義務を負うもので，第 6 条における核軍縮義務がこれにあたる。そして，「核技術の平和利用」については，それを奪い得ない権利と規定し，国際社会でその便益を広く共有するため国際協力を進めることを約束する，というものである。これが第 4 条に規定されている原子力の平和利用に関する規定である。この，核兵器国が不拡散義務と引き換えに核軍縮に取り組むこと，そして原子力の平和利用の促進に取り組むという政治的な取引をNPT の『グランド・バーゲン』と呼び，条約の利用を肯定するうえで最も基本的な政治構造をなしている」（秋山，2015，21-22頁）とされている[11]。

3.2.2　石油危機の衝撃と平岩体制

(1)　石油危機による自己資金の枯渇

　1961（昭和36）年の料金改定で経営基盤を固めた東電は，高度経済成長下の電力需要増加の追い風を受け，1973（昭和48）年度まで一貫して電気事業営業収益を増加させた。また，経常利益についても，1961～1972（昭和36～47）年度には年平均にして13.2 ％の増益を実現した。このように，1961（昭和36）年から1973（昭和48）年にかけての時期に東電の業績は総じて安定的に推移し，

[11)]　「核軍縮が思うように進まない中，NPT 3 本柱のうちの 1 つである原子力の平和利用は，条約に参加することで自らは核兵器開発を放棄するとの国際約束を結んだ非核兵器国にとって，NPT 体制にコミットし続ける重要な拠り所となっている」（樋川，2015，130頁）という。日本国内において原発ゼロを推進する際，こうした世界的な視点をも持つことが求められるのだろうか。

図表 3-4 東電の総工事資金に占める自己資金等の割合の推移（1961-73年度）

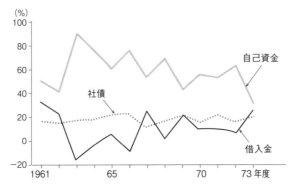

（注）自己資金は総工事資金に対する比率。社債と借入金はそれぞ
れの債務償還額を差し引いたものの総工事資金に対する比率。

（出所）東電（2002a）853頁。

配当率も1973（昭和48）年下期を除き一貫して年10％を維持した。

その要因としては，第1に，燃料費の低減，第2に，支払利息の抑制，第3
に，大容量火力発電所の建設に代表されるスケールメリットの発揮，であると
いう。このうち，1962（昭和37）年度から1973（昭和48）年上期にかけて，東
電は減価償却の定率法による限度額100％実施を行い，内部留保の拡大に努め
て，**図表 3-4** に明らかなように，設備投資における自己資金の比率を高めた。
目指していたあり方に到達したといえよう。これとともに社債の発行や新規借
入先の導入など有利な資金調達を進めた結果，東電の支払利息は1960年代には
低位で安定し，総費用に対する構成比を減少させたのである。しかし，1973（昭
和48）年10月の石油危機（オイルショック）の発生は，事態を一挙に暗転させ
た。

石油危機の結果，東電を含む9電力会社の収支は悪化したが，その「最大の
要因は燃料費の増大であり，この燃料費を捻出するために，電力各社は減価償
却実施率を引き下げざるをえなかった。減価償却費は内部留保の中心部分を占
め，9電力会社の場合には内部留保が自己資金の中心部分を占めたから，減価
償却実施率の低下は総工事資金に占める自己資金のウェイトの後退に直結した。
1960年代には50％台から80％にも達した9電力会社の総工事資金に占める自

図表 3 - 5　東電の支出の推移（1973 - 2003年度）

（単位：百万円）

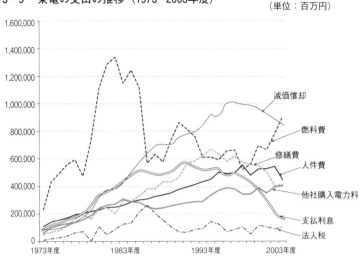

（出所）『電気事業便覧』各年版より筆者作成。

己資金の比率は，1973〜1979（昭和48〜54）年度には 7 年度連続して50％を下回り，とくに1974（昭和49）年度と1979（昭和54）年度にはそれぞれ28.1％と18.1％という低い数値を記録した。そのため，総工事資金に占める自己資金のウェイトを後退させた 9 電力会社は，社債や借入金など有利子負債への依存度を高めた。そのことは，電力各社の利子負担を増大させて資本費を押し上げ，業績をさらに悪化させることにつながった。1973〜1979（昭和48〜54）年に 9 電力会社の経営は，このような悪循環に陥ったのである」（889頁）。**図表 3 - 5**では，2 度の石油危機時に燃料費が激増している点が確認できよう。

　東電は，第 1 次石油危機発生直後の1973（昭和48）年12月，「経営の非常事態に際して」と題する告示を発して，「大幅な石油供給削減により，電力需給は深刻の度を加えつつあり，また，石油価格の異常な高騰によって，残念ながら今期以降の収支破綻は避けられない実情であります。さらに，厳しい金融引き締めに加えて，収支悪化にともなう内部留保資金の激減によって，資金事情もきわめて困難になっております」と深刻な状況認識を示したうえで，緊急対策として，①燃料確保への全力投入などの供給力確保策，②お客さまの節電をさ

らに強めていただく需要節減策，③業務全体にわたる合理化を前提とした料金対策，④設備投資の削減・特別融資の要請などの資金対策，という4点を打ち出した。この「非常事態宣言」で提示された対応策は，まさに緊急避難的な性格を強くもつものであった。

　その後，1976（昭和51）年2月に東電は，「難局に処する経営の基本方針」と題する新しい通達を発し，①従来の緊急避難的な合理化を見直し，夏季ピークの尖鋭化や負荷率の低下などにみられる情勢の変化に即した新たな合理化を推進する，②エネルギー情勢の激変を踏まえ，原子力やLNG火力の重点化を進めるとともに，長期的観点に立って，電力安定供給の確保や投資効率・資金効率の向上を図る，③社会各層との接触や対話を活発化し，社会の理解と信頼を高めることに努める，という3つの基本方針を打ち出した。東電は，経営努力と1976（昭和51）年8月の電気料金改定によって，第1次石油危機がもたらした経営上の危機をひとまず乗り越えた。

(2)　平岩社長就任と体制の立て直し

　こうしたさなか，東電は1976（昭和51）年8月の電気料金改定から2カ月後の同年10月27日に開催した取締役会で，新たに平岩外四副社長を社長とした。平岩を新たなリーダーとした東電は，第2次石油危機の発生を受けて，1979（昭和54）年6月には「経営方策の新展開」と題する通達を発して，①原子力安全確保のいっそうの追求や石油代替エネルギーの開発への注力などからなるエネルギー総合方策の推進，②適正な経営活動の公開による相互理解や地域協調の増進，③技術開発と総合効率を重視する経営の展開，④職員の能力特性の尊重による経営の活性化，の4点をあげた。1982（昭和57）年6月には「コストダウンと経営体質強化方策」を発し，「当社供給コスト低減対策上の課題」のなかで，「資本費，需給関係費など年々増加する電力供給コストの抑制・削減を図るため，設備形成・運用各面にわたって，新技術の開発，採用を積極的に進めるとともに設備余力を最大限に活用して設備投資の一層の効率化，削減と設備・需給運用面のコストダウンを徹底する。とくに，今後の安定供給の主力を担い，コスト安定化に寄与する原子力については，開発を促進するとともに，これまでの運転実績をふまえ，建設費の一層の削減に努める」（東電，2002b，214

頁）と記していた。2 度の石油危機を経て，東電は，燃料費増大，収益圧迫という事態に 2 度と陥らないようにと，いよいよ原発への傾斜を強めた[12]。「かつての反原発運動は 2 回にわたる石油危機という"神風"で鎮静化した」（「揺れる原発，逆風の中で」『日本経済新聞』1989 年 8 月 10 日朝刊）。

　なお，第 2 章で触れていたように，関西電力は東電以上にいち早く原発を導入していた。関西電力は，1970（昭和 45）年 11 月に美浜発電所 1 号機，1972（昭和 47）年 7 月に美浜発電所 2 号機，1974（昭和 49）年 11 月に高浜発電所 1 号機，1975（昭和 50）年 11 月に高浜発電所 2 号機，1976（昭和 51）年 12 月に美浜発電所 3 号機，1979（昭和 54）年 3 月に大飯発電所 1 号機，1979（昭和 54）年 12 月に大飯発電所 2 号機を運転開始した。1971（昭和 46）年度に発電端合計 607 億 4,900 万 kWh のうち，水力発電電力量 130 億 5,200 万 kWh（全体の 21.5％），火力発電電力量 401 億 2,200 万 kWh（同 66.0％），原発電力量 21 億 6,100 万 kWh（同 3.6％）となっていたものを，1981（昭和 56）年度には発電端合計 918 億 5,400 万 kWh のうち，水力発電電力量 139 億 8,200 万 kWh（全体の 15.2％），火力発電電力量 434 億 2,000 万 kWh（同 47.3％），原発電力量 284 億 2,800 万 kWh（同 30.9％）というように，水力，火力を減らして原発電力量を大きく増加させていた（『電力需給の概況』）。設備利用率は 1970 年代前半は 40％台だったものを 1980 年代には 50％を超えるほどに上昇させた。こうした取り組みの結果，1971（昭和 46）年度の総設備工事資金のうち内部留保分 37.2％が 1981（昭和 56）年度には 42.0％へと高まったのである（関西電力，2002）。ここにおいて後述の「電力ベストミックス」体制を推進した[13]。東電もこうした関電の後を追いかけた。

　なお，原発事業の推進への並々ならぬ意欲については，これより以前の 1978（昭和 53）年 5 月に国会において議論されていた原子炉等規制法改正の際，参考人として招致された平岩の次の発言でも認められる。「もとより再処理事業と

---

12)　橘川（2004）はこの時期の経験が 9 電力に「オイルショックのトラウマ」を抱えさせてその後の経営行動に影響を与えたという。

13)　2016（平成 28）年 6 月 11 日に立正大学で開催された，2016 年度公益事業学会全国大会統一論題シンポジウムにおいて，登壇した当時関西電力顧問だった藤洋作（元関西電力社長）は，原発の長期的電源という性格への留意を強調した。

いうのは，国際的な面も配慮しつつ官民挙げてのコンセンサスのもとでこれを効率的に推進しなければならないものだと考えております。従いまして，現在御審議中の規制法を改正していただき，動燃事業団並びに原研しか行えないようになっております再処理事業を民間にも門戸を開放いただき，その事業化を推進いたしたいと考えておるしだいでございます。民間で再処理事業を推進するにあたりましては，これをわが国産業界全体の問題として取り上げ，電力を中心として電機メーカーのエンジニアリングを初め金属鉱業，化学等，関係業界の総力を結集してその企業化に全力を傾注してまいりたいと考えております」（衆議院科学技術振興対策特別委員会，1978）と発言していた。原発事業について「国策民営」だと表現されるが，その議論を疑わせるような電力会社側の積極性を示す発言だった。

　以上のような自らの言動の理由として，平岩は，会長就任の際，社長就任時を振り返って「社長に就任してからこのかた，私は一貫してこれが私に課せられた最大の責務であると心に決めていたことがあります。それは，『いかに企業を守るか』ということであります。企業を『守る』といいますと，いかにも「受身」のようにきこえるかもしれませんが，そうではなくて，『攻める』こともまた『守る』ためのものであり，言葉をかえていえば，『企業を護る，企業の安定をはかる』ということであります」（908頁）と述べていた。平岩が「攻める」姿勢を示して木川田の路線を一層推進していったことを表すものである[14]。

(3)　核燃サイクル体制への東電の関わり

　それでは，具体的に東電はどのようにして原発事業を進め，日本の核燃料サ

---

14)　1975（昭和50）年の春に福島原発が連続事故を起こし，原子力船「むつ」事件で火がついた反原発運動が最高に盛り上がった時期，木川田は「プラス・マキシマムからマイナス・ミニマムへの転換」ということを側近たちに漏らした。プラス・マキシマムとは，強気の，いわば徹底的な攻めの経営，たとえば，国家の介入などを断固排除し，国家とたたかって企業の主体性を守る，ということで，それに対してマイナス・ミニマムとは，失点をできる限り少なくする，場合によっては相手の要求を受け入れる，妥協もするという，いわば守りの経営であるという。そして，木川田が平岩外四を社長にしたのも「最も我慢強く，間違っても喧嘩しない男」だったからだった（田原，1986，194-198頁）。

イクル体制に携わろうとしたのだろうか。第1に，ウラン精鉱の確保について
は，第1次石油危機直後の1974（昭和49）年3月にカナダのデニソン・マイ
ンズ社と，同年4月にはスイスのRTZミネラル・サービス社とそれぞれ追加的
なウラン精鉱の長期購入契約を締結した。海外ウラン資源開発株式会社のニ
ジュール・プロジェクトに生産の見通しが立ったため，1978（昭和53）年8月，
同社との間にもウラン精鉱の長期購入契約を締結した。第2に，転換役務の委
託については，第1次石油危機が進行中の1973（昭和48）年11月にアメリカ
のアライド・ケミカル社およびカナダのエルドラード公社との間に転換役務委
託契約を締結した。第3に，ウラン濃縮役務については，1973（昭和48）年12
月にアメリカ原子力委員会（その後1975（昭和50）年6月にエネルギー研究開
発庁ERDAへと改組されたのち，1977（昭和52）年10月にはアメリカエネル
ギー省DOEに再改組された）と，1974（昭和49）年6月にはフランスのユー
ロディフ社と委託契約を締結した。第4に，使用済燃料の再処理に関して，1974
（昭和49）年1月にイギリス原子燃料公社（BNFL）と再処理委託スポット契
約を，1977（昭和52）年9月にフランス原子燃料公社（COGEMA）と，1978
（昭和53）年5月にはBNFLとそれぞれ再処理委託契約を締結した。

　しかし，アメリカ，カナダの援助で進めた「原子力の平和利用」がインドの
1974（昭和49）年の核実験に活用されたことに衝撃を受け，アメリカ，カナダ
は核不拡散の態度を示したのである。1976（昭和51）年10月にアメリカのフォー
ド大統領は再処理とウラン濃縮技術の輸出の3年間の停止を要請し，カナダ政
府は1977（昭和52）年1月から1978（昭和53）年8月にかけてウラン精鉱の
輸出を禁止し，そして1977（昭和52）年1月に就任したカーター大統領はアメ
リカにおける商業再処理とプルトニウム利用を無期限に延期し，1978（昭和53）
年3月にはついにアメリカで核不拡散法を成立させた。そのため日本の核燃料
サイクル体制の構築は危ぶまれた[15]。

　そこで，東電は，1985（昭和60）年3月，他の8電力会社，原電，重電メー

15）　1976（昭和51）年9月28日，「南海日日新聞」（本社奄美大島・名瀬市）が徳之島に核燃
　　料再処理工場を建設するという，「MA-T計画」なるものが極秘裏にすすめられている，と
　　スクープ記事を伝えた（田原，1986）。

カー 3 社，金融機関37社と共同で日本原燃産業株式会社（以下，「日本原燃産業」という）を設立し，ウラン濃縮商業プラントの建設を進めようとした。使用済燃料の再処理に関しては，動燃の東海再処理施設につづく第 2 再処理工場は民間で行うこととして，1980（昭和55）年 3 月に他の 8 電力，原電，電機，機械，金属，化学，エンジニアリングなど関連11業界とともに日本原燃サービス株式会社（以下，「日本原燃サービス」という）を設立した[16]。

また，東電は他の 8 電力会社，原電とともに，これ以前の1974（昭和49）年11月に商社 5 社および運輸企業 5 社と共同で東海再処理施設への使用済燃料の輸送に携わる株式会社エヌ・ティー・エスを，1976（昭和51）年 7 月には東電は，関西電力，原電および商社 3 社と共同で，BNFLが設立したパシフィック・ニュークリア・トランスポート社（PNTL）に出資した。PNTLは，日本の原発からBNFLおよびCOGEMAの再処理施設に向けて搬出される使用済燃料の輸送業務を遂行するものだった。

以上のもと，東電は自社の原発開発を推進した。福島第一原発の 2 号機から 6 号機は1974（昭和49）年 7 月から1979（昭和54）年10月にかけて運転を開始した。その福島第一原発の南方約10kmに位置する福島県富岡町，楢葉町にまたがる敷地に福島第二原発が設立され，1 号機から 4 号機を1982（昭和57）年 4 月から1987（昭和62）年 8 月にかけて運転を開始した。東電 3 番目の柏崎刈羽原発は新潟県柏崎市と刈羽村にまたがる地域に設けられたが，福島第一原発，福島第二原発とは比較にならないほどの反対運動にさらされて着工は大幅に遅れ，1 号機は1985（昭和60）年 9 月に運転を開始した。

なお，福島第二原発の 2 号機以降の各ユニットには，改良標準化計画の成果が取り入れられた[17]。原子炉格納容器を大きくして点検・保守作業時の環境を改善することで，定期点検の作業時間の短縮等につながり，作業員の放射線被ばく線量の低減，稼働率の向上を目指すものだったという。1990（平成 2 ）年 4 月には柏崎刈羽原発 5 号機が，同年 9 月には同 2 号機がそれぞれ運転を開始したが，これら 2 ユニットにも改良標準化計画の成果が取り入れたとされ，100％バイバス容量，新型 8 × 8 ジルコニウムライナー燃料が初装荷燃料として採用されたほか，耐SCC材として低炭素ステンレス鋼を導入するなどの技術が用いられた。その後も柏崎刈羽原発では開発が進み，1993（平成 5 ）年 8 月

に 3 号機，1994（平成 6）年 8 月に 4 号機が運転を開始した結果，柏崎刈羽
原発の合計出力は550万 kW に達し，関西電力の大飯発電所を抜いて国内最大規
模の原発となった。

3.2.3　日本国内における原発の広がりの要因

　なぜ，日本では原発が受け入れられていったのだろうか。第 1 には，原発技
術の「発展」を「目に見える」ように示した。東電によれば，1970年代半ばの
原子炉 1 次系ステンレス配管の応力腐食割れや制御棒駆動機構の部品の応力腐
食割れなどのトラブルのために，1975（昭和50）年度，1977（昭和52）年度の
福島第一原発の設備利用率は大きく落ち込んだものの，1978（昭和53）年度以
降は回復に向かい，1980（昭和55）年度には60％に達し，その後は70％前後
まで向上させ，安定的な運転を続けたのである（中瀬，2005)[18]。

　第 2 に，マスコミの影響が大きかった。大熊（1977）が核燃料サイクル体制
を日本国内に「認知」させた。大熊は，「私が新聞にこの記事を書いたころには，
消費者運動の指導者や革新系の一部の人たちが『原発廃絶運動』を激しく展開
していた。ジャーナリストの間でも『反原発こそ社会正義』というムードが強
かった。私は，原発廃絶を唱える多くの人たちの書いたものを読み，実際に会っ
てみて，彼らが核燃料のことや，放射線の人体への影響などについて，正確な
知識を持ち合わせていないことに驚いた。多くの人たちが，アメリカの反原発
のパンフレットや，その孫引きを読んだ程度の知識で原発廃絶を主張していた。
私は，そのような人びとを含め，すべての人が，核燃料についての実地の基礎

16）　東電は日本原燃産業に17％を，日本原燃サービスに15％を出資した。

17）　改良標準化計画については，中瀬（2005）217-225頁を参照のこと。

18）　当時の原子力発電担当者だった豊田正敏によると（豊田，1993），社内のトップ層からは
　　いったい何時になったら原子力発電は信頼できるものになるのか，原子力がダメならダメ
　　といってくれれば石油燃料を余分に手配するなど別の手だてを講ずると言われて肩身の狭
　　い思いをしたものの，その場その場の対処療法では定期検査の停止期間が毎回予想以上に
　　長引くことになる恐れがあり，原子力発電の信頼性が問われることになるため，思い切っ
　　て計画的に応力腐食割れの起こりそうな箇所をすべて根治することが重要だとして取り組
　　んだ。

的知識を持ったうえで，冷静な判断を下してほしいと願い，記事を書き，この本を作った。長年，科学記者として核燃料のことを取材し，考え続けてきた私のたどりついた結論は，本文でも述べたように『核燃料からエネルギーをとり出すことは，資源小国の日本にとっては，避け得ない選択である』ということである」（大熊，1977，305頁）と書いて，「ともかく大熊レポートを契機とするかのように，流れは大きく変わった」（田原，1986，159頁）のである。

3.2.4 電力ベストミックス体制としての供給力整備

　以上のもとで，この時期の東電の電源開発は，第2章でも述べたように原子力とLNG火力をベースロードに，ピークロードを揚水式に，ベースとピークの中間のミドルロードに火力発電を組み合わせる「電力ベストミックス」と称されるあり方へと進んだのだった。

　というのは東電の原発開発は「順調」に進み，また，発電用燃料の脱石油化，環境問題を鑑みてLNG火力を積極的に開発したものの，この原子力とLNG火力という2つはいずれもベースロードに適しており，負荷調整能力は乏しかった。原発は経済性や技術特性の面から高稼働運転の実施が望ましかったこと，LNGは通例「テイク・オア・ペイ」と呼ばれる厳しい引き取り保証および代金支払い保証が買い手に課せられていたため，LNG火力には燃料の受け入れ量と受け入れ間隔が固定されていたこと，が理由である。

　もう一方で，電力需要の昼夜間格差は，1970年代に入って拡大したことから，ピークを担った揚水式発電に加えて，ベースロードとピークロードとの中間のミドルロードの担い手が求められた。そこで，柔軟な運用が可能な火力発電をその担い手として位置づけて，火力発電はいわゆる負荷調整という役割をも担うこととなった。

　具体的には，東電ではまず既設火力を対象とした毎深夜停止起動運用を段階的に導入した。1975（昭和50）年度までに出力17万5,000kw以下の小容量機について毎深夜停止起動運用を実施し，それを徐々に拡張して，1982（昭和57）年度には出力45万kW以下のほぼ全ユニットが，1日の間に停止したり再起動したりするDSS（Daily Start & Stop）ユニットとなるようにした。

　次に，コンバインドサイクル発電という，ガスタービンと蒸気タービンとを

組み合わせ，排熱を利用して高い熱効率を実現する複合発電方式を新たに開発して，負荷調整に活用した。というのは，この方式は，ボイラでの発生蒸気圧力を変化させて蒸気流量を調整するもので，起動停止や負荷変動を大幅に迅速化し，最低負荷時の出力低減幅を拡張することができるからである。しかも低負荷運転時でも熱効率低下が少ないので，電力系統の負荷調整能力を拡大すると同時に，火力発電の総合熱効率の向上に貢献する方式でもあった。

　このコンバインドサイクル発電として，まず開発されたのが富津火力だった。

　1 号系列軸は1985（昭和60）年12月，同 2 軸は1986（昭和61）年 2 月に運転を開始した。7 軸まで完成すると合計出力が100万kWとなる富津火力 1 号系列の設計熱効率は42.7％に達し，それまで最高の設計熱効率を誇った100万kWユニットの鹿島火力 5・6 号機の40.8％を上回るものだった。

　これに対して，水力開発については，引き続き大容量揚水式発電所の建設と既存水力発電所の出力増で進められた。とくに，1982（昭和57）年12月に運転開始した玉原発電所は純揚水式発電所であった。その後の揚水式開発は，水系条件に関係なく地点選択がある程度可能な純揚水式によることとなった。こうして，東電における「電力ベストミックス」体制がつくられた。

　流通設備については，関東地方の周辺に大容量の原発や揚水式発電所が立地したことで，需要の中心地へ放射状に延びる送電線を電源系統として，1970年代後半から1980年代前半にかけて50万Ｖ送電幹線が整備された（福島幹線，福島東幹線，新新潟幹線，安曇幹線）。しかも安定供給を主たる目的に，50万Ｖ送電幹線は需要の中心地を取り巻く形でループ状に建設され，外輪系統を形成した。東電はすでに50万Ｖの外輪系統として房総線により房総変電所−新古河変電所間の運転を開始していたが，これに連系する50万Ｖの新古河線，新所沢線，新多摩線を順次西部方面へと拡充し，最終的に東電の供給区域では最西端に位置する新富士変電所まで延長した。この50万Ｖ外輪系統だけでは安定した送電が難しくなると予想されたため，その外側にもう 1 つの50万Ｖ外輪系統を建設することとし，袖ケ浦火力発電所から新多摩変電所までを新袖ケ浦線，新佐原線などでつなぐ計画を並行して進めた。

　以上の基幹系統強化とともに，27万5,000V都内導入系統の拡充を進めた。1973（昭和48）年10月の東西横断系統の完成に続いて，南北縦断系統の建設を

（単位：百万円）

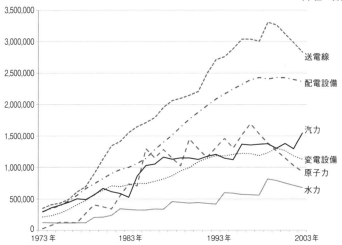

（出所）『電気事業便覧』より筆者作成。

進めて，京北変電所から池上変電所にいたる27万5,000V地中送電線の南北縦断系統が完成し，さらに1979（昭和54）年5月の世田谷線，1980（昭和55）年5月，6月の北武蔵野線と城北線の竣工と続いた。**図表 3 - 6** の東電の固定資産の推移から，最多の送配電線設備への投資を含めて1990年代半ばまで，かなりの設備投資がなされている点が注目できる。このため，前出図表 3 - 5 の東電の支出にあるように，1980年代半ばから1990年代半ばにおいては，燃料費は抑制されつつも，減価償却費が増大したのである。供給力整備をともなった東電の経営は，盤石なものになったと考えられた。

3.3.　90年代後半以降競争下における経営行動

3.3.1　電気事業法改正と競争の導入

　盤石と考えられた日本の電気事業体制は，1990年代に入ってあり方を変更することを余儀なくされた。第2章で述べたように，電気事業法を改正して競争を導入しようとした。

　というのは，これまでに構築した電気事業体制では，上述してきたように膨大な固定資産を積み上げ，それを料金に反映させる総括原価方式だったことから，世界一高いと言われた電気料金となり，グローバルに競争する日本企業から，それに対する是正の要求が起こったのだった（中瀬，2005）。「とにもかくにも電気料金を欧米先進国並み水準にすることを目的に進められて」（坂，1998，58頁）いたのである。

　1964（昭和39）年に公布された電気事業法は1995（平成7）年に31年ぶりに大幅改正された。第2章で述べた電力「部分」自由化の実施である。改正電気事業法のおもな改正ポイントは，①発電部門への新規参入の拡大，②特定電気事業にかかわる制度の創設，③料金規制の見直し，④電気事業者の自己責任の明確化による保安規制の合理化，という4点だった。①とは，卸電気事業参入に関する許可制の原則撤廃と入札制度の導入を主要な内容とし，②については，電力小売販売事業を可能にすることを目的とした制度の新設，③は負荷平準化のための料金メニューの設定を許可制から届け出制に改めたもので，同時に経営効率化の度合いを比較査定しやすくするヤードスティック査定を採用して，地域独占の大枠を維持しながらも，電力会社間の間接的な競争を促進しようとしたこと，④については，設備設置者による自主検査制度の導入と，国の直接関与の重点化・必要最小限化を柱とする改正だった。

　そこで，東電を含めた10電力会社は1996（平成8）年1月に本格的な電気料金引き下げを行った。10電力会社の平均値下げ率は，当時の供給規程に対しては6.3％，東電は5.4％で，関西電力4.0％，中部電力4.2％に次ぐ値下げ幅の小ささだった。なお，この料金改定の際，四半期ごとの火力燃料費の変動に応じて電気料金を自動的に調整する燃料費調整制度が導入された。10電力会社の電気料金引下げはその後もつづき，1998（平成10）年2月に平均4.7％（東電4.2％），2000（平成12）年10月には平均5.4％（東電5.3％）の料金値下げだった。このように，産業界からの電気料金引下げに対して，東電は他の電力会社とともにコスト削減を「実現」して料金を引き下げた。

3.3.2 一部競争導入のもとでの東電経営層

東電は，上述したような，一部競争が導入された時期の1993（平成5）年6月に荒木浩副社長を新しい社長に選任した。荒木新社長は就任にあたり，「『今，世の中は大きく動いております。……産業界も構造的な問題に直面し，多くの企業が，生き残りをかけて，苦しい戦いを続けております。そして，電気事業もまた，その例外ではないと思います。』と述べたうえで，東電が今後進むべき方向として，「会社の健康な体づくり」という言葉を用い，経営体質の強化に重点を置いた経営方針へと転換する必要を訴えた」。

そこで，東電は荒木社長に率いられてコストダウンを徹底し，その一環として設備投資の削減をも進めた。「1993年11月の店所長会議で荒木社長は，東電は『需要の増加に対応して電源の建設に最大限の努力を注がなければなりませんから，巨額な設備投資と，それに伴う資本費増という構造的な悪循環に陥らざるを得ない』との認識を示し，このような事態を改善するために，『これまで是としてきた仕事のやり方，設備づくりなどについての抜本的な見直しを図』って，『費用対効果をはかりにかけ，総合的にメリットがあると判断される場合には，大胆に割り切り，実行に移していくこと』を求めた。具体的には，「普通の会社をつくろうじゃないか」，「兜町を見て仕事をしよう」と呼びかけたのである（987頁）。

以上は1995（平成7）年10月の「中期経営方針」で明確化した。この「中期経営方針」が基本目標として掲げたのは，①長期的な安定供給を確保すると同時に，新しい電気料金水準のもとでの収支均衡を継続させる，②人，技術，情報などの資源をグループ全体として強化し，21世紀においても成長する企業であるための経営基盤を形成する，という2点だった。1998（平成10）年9月に策定された新しい「中期経営方針」では，①「お客さまや株主・投資家から選択していただける経営体質を確立すること」，②「公益事業としての使命を果たすとともに，新たな成長・発展につながる事業領域を開拓する」，③「自律的で柔軟な組織運営を強化し，人材の積極的活用を図ること」を3つの基本目標として掲げた（987-988頁）。

こうして前出図表3-6に示されているように，1990年代後半には東電の固

定資産が横ばいから下降へと転じた。「建設段階にあった原子力開発が完了した
という要因に加えて，計画から設計・発注・施工にいたる各段階で徹底したコ
ストダウンが推し進められ，戦略的に設備投資の抑制が図られたからである」
（東電，2002a，1016頁）。この点は，日本全体の原子力発電でも同じで，原子
力関係費用において「運転維持費」が最大となる中，電力「部分」自由化のも
たらすコスト削減圧力が「運転維持費」のできる限りの圧縮を求めることにつ
ながっていた（中瀬，2005）。

3.3.3　柏崎刈羽原発の完工と「電力ベストミックス」の「完成」

　上述した設備投資抑制の方針のもとで供給力整備は以下のように進められた。
まず，火力開発では，コンバインドサイクル発電よりさらに熱効率を高めた改
良型コンバインドサイクル発電の開発を成功させ，1996（平成8）年6月から
1998（平成10）年1月に運転開始した横浜火力発電所7号系列（1-4軸，合
計140万kW）ではじめて実用化され，つづいて同8号系列（1-4軸，合計140
万kW）も1996（平成8）年7月から1998（平成10）年1月に運転開始した。
千葉火力発電所にも改良型コンバインドサイクル発電が導入され，1号系列
（1-4軸，合計144万kW）は1998（平成10）年12月から2000（平成12）年4
月に，同2号系列（1-4軸，合計144万kW）は1999（平成11）年2月から
2000（平成12）年6月に運転開始した。横浜火力7・8号系列や千葉火力1・
2号系列では熱効率49％という世界最高の水準を実現した。

　また，建設期間が短く，ピーク負荷対応にすぐれたガスタービン発電設備の
建設を進め，1992（平成4）年7月に横須賀ガスタービン2号機（14万4,000kW），
同年12月に豊洲ガスタービン2号機（4万1,700kW），1993（平成5）年2月
に同1号機（4万1,700kW），同年3月に大井ガスタービン1号機（12万
7,000kW），袖ケ浦ガスタービン1号機（12万7,000kW）を運転開始した。他
方で，五井火力発電所において国内で初となるリパワリング（出力増加・効率
向上）を行ったり，老朽化した火力発電設備の廃止が行われた。このように英
米における電力自由化を進めた技術的な基盤であるコンバインドサイクル，ガ
スタービンが，日本では「普通の会社」化の流れにおいて火力発電の調整能力
として活用された。

水力開発は，これまでと同様にピーク対応にすぐれた大容量揚水式水力発電所の建設に重点が置かれた。とくに，1990（平成12）年12月には既設の矢木沢発電所2号機（8万kW）を改造して，世界最初の可変速揚水発電システムとした。最新のデジタル制御技術とパワーエレクトロニクス技術を駆使したこのシステムは，従来の揚水式発電では不可能であった揚水運転時の入力調整をポンプ水車に直結した発電電動機の可変速制御によって可能にしたものであり，夜間などの系統負荷時の周波数調整（AFC）に威力を発揮した。水力開発も調整能力を高めるものだった。しかし，このことは，水力発電を大変「ぜい沢」なものとして使うことでもあった。

　以上のもとで，原発については，1996（平成8）年11月に柏崎刈羽原発6号機，1997（平成9）年7月に同7号機が，世界最初のABWR（改良型沸騰水型軽水炉）として設置され運転開始した。このABWRは第3次改良標準化計画の成果の1つで（中瀬，2005），「従来のBWRで蓄積した技術を集大成し，安全性・信頼性・経済性などの向上を図った高出力のプラントであり，原子炉内蔵型再循環ポンプ（インターナルポンプ），改良型制御棒駆動機構，鉄筋コンクリート製格納容器，ABWR型中央制御盤など数多くの特徴を有していた」（997-998頁）。これで柏崎刈羽原発の建設工事は完了し，7ユニット，合計821万2,000kWをもつ柏崎刈羽原発は当時世界最大といわれたカナダのブルース原発（727万6,000kW）を上回る出力規模となった。「1986〜1999年度に東電の原発の設備利用率は1989年度を除いて高水準を示し，とくに1990年代後半にはおおむね80％を超すレベルで推移した。1989年度に設備利用率が落ち込んだのは，同年1月6日に起きた福島第二原発3号機の原子炉再循環ポンプ破損事故によって長期に運転を停止したからであった」（998頁）。

　しかし，原発事業が「順調」に推進されていた裏側では，大変なことが起こっていた。2002（平成14）年8月，原子力安全・保安院による，複数の電力会社における自主点検，補修作業にかかわる不適切な取り扱いの公表を受けて，同年10月に東電は，1991（平成3）年の第15回東電福島第一原発の原子炉格納容器漏えい率検査，1992（平成4）年の第16回同検査において，東電社員立会いのもと，日立製作所現地関係者に指示して，空気を注入するという漏えい率を不正に低下させる行為を行っていたことを公表した。

　原子力安全・保安院の調査によると，その理由は，「①当時，夏期電力需要期が迫っており，定期検査期間延長による電力安定供給への対応を遅らせる事態は回避したいとの思いがあった。②平成 2 年以来，大型の改装工事，海水漏えいなどのトラブルが続いており，第 1 保修課の繁忙感が強く，慎重で根気強い対処を欠く要因が存在していた。③冷却材喪失事故の発生例がなく発生確率は低いと考えていた上，多少漏えい率が悪くても現実には安全に影響をおよぼすことはないとの心理が存在した。④このような状況の中で，漏えいが国の立会検査間近になって確認されたが，その原因が特定できず，一方で検査を延期した場合にはその後のスケジュール等がたてられないと判断した。⑤第16回漏えい率検査実施直前にようやく漏えい箇所が判明したが，これを修理・取替する時間的余裕がなかった」（経産省／原子力安全・保安院，2002）と，その理由を挙げていた。こうした事実から，東電原発の設備利用率の向上，維持という指標は信頼されるものではなくなった。

　また，1990年代半ば以降から2000年頃まで，東電福島第一原発，同福島第二原発においてシュラウドに発見したひび割れの兆候等を「異常なし」として記録して，放置した。こうした自主点検作業記録の不正について，原子力安全・保安院（2002）は，「東電本店においては，電力部分自由化を受け，業務の効率化を図るべく，1994年から1997年にかけて組織改革が行われ」，「以前と比べ，本店組織間のコミュニケーションが不足したり，チェック機能が十分に働かなくなったことも推察される」（原子力安全・保安院，2002）と記していた。明らかに，「普通の会社」化前後から原発において無造作な対応がなされていた。

　さて，1999（平成11）年 6 月に原子炉等規制法が改正されて使用済燃料の発電所敷地外での中間貯蔵が可能になり，青森県むつ市から2000（平成12）年11月にリサイクル燃料備蓄センターの技術調査（立地可能性調査）について要請のあったことを受け，東電は2001（平成13）年 1 月にそのための現地調査所を開設した。溜まりにたまったプルトニウムを減らそうと，プルサーマル計画を作成して，東電は1998（平成10）年 8 月に福島県や新潟県など関係自治体に申し入れ，同年11月から1999（平成11）年 4 月にかけて各自治体から同計画に対する事前了解を得た。それを踏まえて，第 1 回目のMOX燃料輸送が実施され，1999（平成11）年 7 月にフランスのシェルブール港を出発した輸送船は，

図表 3-7 東電の発電電力量の推移（1981-2002年度）　　　　（単位：百万kWh）

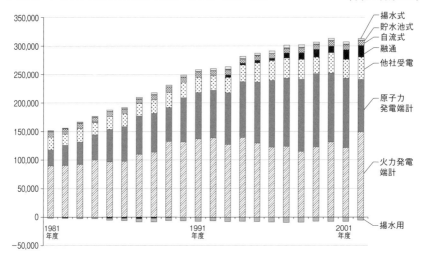

（出所）『電源需給の概要』より筆者作成。

2カ月をかけて9月に福島第一原発専用港に到着した。

　しかしその直後，ジェー・シー・オーの再転換工場での臨界事故の発生，関西電力高浜発電所における使用予定のMOX燃料についてのイギリス原子燃料公社による燃料製造データの改ざん問題，2001（平成13）年5月に刈羽村で行われたプルサーマル受け入れの是非に関する住民投票の結果などで，この時点でのプルサーマル計画は実現しなかった。原発に対する逆風が強まりつつあった。

　流通設備については，柏崎刈羽原発の建設が進捗するのにともない，1980年代までの東電の電力系統が福島方面を中心に東側にウエイトを置いていた構成を，西側の電力系統の強化に取り組む必要に迫られて，100万V設計の送電線を建設した。というのは，50万V送電線に比べると1ルートあたりの建設費はたしかに増加するものの，送ることができる電気の容量は3〜4倍にもなり，送電線用地の取得難を考慮すると重要だと考えられたからである。1990年代に西群馬幹線，南新潟幹線，北栃木幹線，東群馬幹線，南いわき幹線と相ついで100万V設計の送電線を完成させた。ただ，当面はまだ50万Vで運転された。

　この時期の東電の発電電力量は**図表 3 - 7**のように推移した。2000年代に入って東電の電力需要量は横ばいとなっていた。

3.3.4　当該期の東電の事業成績と資金調達

　以上の経営行動の結果，**図表 3 - 8** にあるとおり，東電が 1 kWhを供給することによって獲得できる収益は1990年代半ば以降に急速に上昇した。これは，前出図表 3 - 5 の東電の支出の推移にみられるように，燃料費はそこそこで抑えられ設備投資の抑制等による減価償却費，支払利息の低下が相まってコストダウンが実行された，荒木社長の方針に従った結果といえよう。

　そして，1990年代半ば以降の自己資金について，「1986～1999年度合計の総工事資金に対する寄与率は，自己資金が83％，借入金純増額が 0 ％，社債純増額が17％であり，1974～1985年度のそれ（自己資金は51％，借入金純増額は32％，社債純増額は17％）に比べると，自己資金のウェイトが増進し，その分借入金のウェイトが減退したことがわかる。上述したとおり，1990年代後半には設備投資の抑制が進み，その結果，自己資金の割合が増大したのである」（1016頁）。

　東電の自己資本比率は，1980年代後半の積極的な設備投資のために，1996（平

図表 3 - 8　東電の 1 kwh あたりの収益の推移

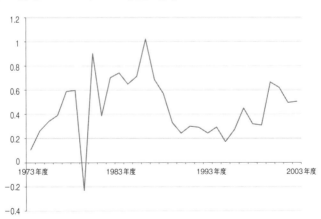

（出所）『電力需給の概要』『電気事業便覧』より筆者作成。

成 8）年度末には10.0％と最低水準を記録した。また，有利子負債残高もこの間漸増傾向をたどり，同年度末には10兆5,342億円に達した。しかし，前述のように，徹底してコストを削減し，とくに設備投資を抑制する方針に転じて財務体質の改善に取り組んだ結果，1997（平成 9）年度から徐々に改善されたのだった。1999（平成11）年度末には自己資本比率は12.2％に，また有利子負債残高も10兆1,858億円にまで減少した。ROE（株主資本利益率）とROA（総資産利益率）については，1995（平成 7）年度と1999（平成11）年度を対比すると，それぞれ3.4％から5.7％へ，0.4％から0.7％へと上昇した。東電における電力「部分」自由化は，「普通の会社」化のもと一層推進され，経営効率化を進めてコスト削減を実現したが，原発運転に関するメンテナンス不足で不祥事を起こすものだった（中瀬，2018b）。東電の公益性が問われるものだった。

3.4 東電福島原発事故における対応

3.4.1 中越沖地震後の新耐震指針を受けた日本原電と東電の対応の違い

2011（平成23）年 3 月11日の東日本大震災の際に起こった東京電力福島第一原子力発電所における過酷事故は防ぎえたのだろうか。日本政府の東京電力福島原子力発電所における事故調査・検証委員会（2011）を中心に，津波に対する東電の対応をみよう。

1995（平成 7）年阪神淡路大震災を契機として耐震指針は改定されていた（入倉，2008）。そこでは「8．地震随伴事象に対する考慮」において「施設は，地震随伴事象について，次に示す事項を十分考慮したうえで設計されなければならない。」とし，「(2)施設の供用期間中に極めてまれではあるが発生する可能性があると想定することが適切な津波によっても，施設の安全機能が重大な影響を受けるおそれがないこと。」（内閣府原子力安全委員会，2006）としていた。朝日新聞取材班（2011）で触れられたように，津波対策についてはあまり書き込まれてはいなかったものの，明快に留意すべきとされていた。

そして，2007（平成19）年の中越沖地震[19]は「原子炉建屋最下階で揺れが最も大きかったのは 1 号機の地下 5 階の地震計で，東西方向に680ガルの最大加速度を記録した。この場所での設計時の想定値は273ガルだったから，その

2.5倍にも達する揺れだった」（朝日新聞取材班，2011，103頁）というように，想定以上の地震に見舞われた[20]。2006（平成18）年9月に「発電用原子炉施設に関する耐震設計審査指針」（耐震指針）が改訂され，総合エネルギー調査会原子力安全・保安部会耐震・構造設計小委員会のもとに，「地震・津波，地質・地盤合同ワーキング・グループ」を設けて審議することとした（総合資源エネルギー調査会原子力安全・保安部会耐震・構造設計小委員会，2005）。

東電の行動を議論する前に，東北電力，日本原子力発電の動きについて確認しておこう。まず，東北電力女川原子力発電所については，1970（昭和45）年の設置許可申請書で，女川原子力発電所工事用基準面+14.8メートルとして設定，整備され，その後何度かの津波評価でも検討しなおされるものの，維持され続けた。NHKメルトダウン取材班（2021）では，東北電力は貞観津波をバックチェックの対象にすべきとも考えていたという。東日本大震災時の津波の波高は約13メートルだったため，電源喪失を回避できた。

日本原電東海第二原子力発電所においては，1971（昭和46）年の設置許可申請書で，東京湾平均海面（以下，T.P.と略す）＋3.31メートルとして設定されたものの，その後何度か新たな知見が得られるたびにかさ上げされ，2007（平成19）年の「茨城県津波浸水想定区域図」に基づく評価においてT.P.＋5.72メートルとなったことから，T.P.＋6.61メートルの側壁を増設した（東京電力福島原子力発電所における事故調査・検証委員会，2011，406-407頁）。これについては，茨城県原子力安全対策課で長年勤めた職員の熱心な要望に対して日本原電が応え，「津波の流入を防ぐのであれば，防潮堤などを建設することが考えられるが，当時，日本原電では，大がかりな工事を行うには巨額の費用と長期間

---

19)　2007（平成19）年の中越沖地震後の調査報告書作成の際，実は，2000（平成12）年に発表された専門家の研究を受けて調査したところ，東電は2003（平成15）年ごろに東電柏崎刈羽原子力発電所の日本海海域にF-B断層という活断層を発見し，国へは報告したものの，公表をしていなかったことを明らかにした。活断層の存在を認識したのが2003年頃だったというから，後述の自主点検記録の改ざん，格納容器漏えい率検査の偽装の頃にあたり，一層の混乱を避けようとしたのかもしれない。

20)　NHKメルトダウン取材班（2021）では，取材の結果，東電社内において，中越沖地震のインパクトがどれほど大きかったかを明らかにしている。

の工期が必要となるため，いつ実行できるか不透明だったという。このため，耐震タスク（筆者注：日本原電社内で構成されたチームのこと）は，各グループが連携して，敷地に水が入ってきたとしても，まずは少しでも機器や設備を守る対策を進めようと，防潮堤ではなく，短期間で安価にできる盛土と，建屋の防水という複合的な対策をまとめていた」（NHKメルトダウン取材班，2021，601頁）。この結果，「日本原電によると，地震直後に外部電源は失われたが，非常用ディーゼル発電機が動いた。約5メートルの津波で，敷地の一部が浸水，非常用電源の冷却用に使う海水ポンプのうち，敷地の北側にあったポンプが水没して動かなくなった。しかし，敷地の南側にあるポンプは水没せず，非常用電源で冷却を続けることができた」。実は「日本の原発の耐震性を上げるために2006年にできた新しい指針は，津波に対する言及が乏しいという欠陥があった。だが，この新指針を受けて日本原電の東海第二原発は津波に対する防護を強化した」（朝日新聞取材班，2011，92頁）[21]。

　以上に対して，東電は2008（平成20）年7月末段階，社内試算による津波波高は従来の想定を上回るものと認識していた[22]。つまり，2008（平成20）年5月下旬から6月上旬頃までに，文部科学省地震調査研究推進本部の長期評価に基づき津波評価技術で設定されている三陸沖波源モデルを流用して想定波高を試算したところ，福島第一原発2号機付近では，1960（昭和35）年チリ津波時の小名浜港で観測された最高潮位小名浜港工事基準面（以下，O.P.と略す）＋9.3メートル，福島第一5号機付近ではO.P.＋10.2メートル，敷地南部ではO.P.＋15.7メートルとなっていた（東京電力福島原子力発電所における事故調査・検証委員会，2011，396頁）。

　そもそも福島第一原発設置許可時の津波想定は1960年（昭和35）チリ津波O.P.＋3.1メートル及び最低潮位O.P.－1.9メートルとして設置許可がなされ，敷地の最も海側の部分についてはO.P.＋4メートルの高さに整地されて，非常用

21）　ただし日本原電は，前述の東北電力と同様に，東電に対する「配慮」により，社外に対して，津波への対策を伏せていたという（NHKメルトダウン取材班，2021）。

22）　2008（平成20）年3月の東電社内では，津波が10メートルを超えるという情報は原子炉建屋にも浸水することを意味しており，衝撃を受けていたという（NHKメルトダウン取材班，2021）。

海水ポンプはこの場所に設置された福島第二原子力発電所1号機についても同様の考え方に基づきO.P.＋3.1メートル，2号機における防波堤の設計波高はO.P＋3.69メートル，3号機及び4号機における防波堤の設計波高はO.P.＋3.7メートルとされていた（東京電力福島原子力発電所における事故調査・検証委員会，2011，373-374頁）。土木学会による津波評価技術の刊行後，東京電力では2002（平成14）年3月に津波評価技術に基づく津波評価を実施し，福島第一原発でO.P.＋5.4メートルから5.7メートルまで，福島第二原発でO.P.＋5.1から5.2メートルまでの計算結果を得て，福島第一原発6号機の非常用のディーゼル発電機（DG），冷却系海水ポンプの電動機のかさ上げ（海水ポンプ電動機への浸水を防ぐため，電動機下端位置をO.P.＋5.8メートルまで引上げ）等を実施した（東京電力福島原子力発電所における事故調査・検証委員会，2011，381頁）。

　しかし，実際の津波による，1号機から4号機側主要建屋設置エリアの浸水高は，O.P.＋約11.5メートルから＋約15.5メートルとなっており，同エリアの敷地高はO.P.＋10メートルであることから浸水深（地表面からの浸水の高さ）は約1.5メートルから約5.5メートルだった。同エリアの南西部では，局所的にO.P.＋約16メートルから＋約17メートルの浸水高が確認されていたことから，浸水深は約6メートルから約7メートルに，また5号機及び6号機側主要建屋設置エリアの浸水高は，O.P.＋約13メートルから＋約14.5メートルとなっており，同エリアの敷地高はO.P.＋13メートルであることから，浸水深は約1.5メートル以下であった。これらの津波により，福島第一原発の海側エリア及び主要建屋設置エリアはほぼ全域が浸水した。地震による損傷又は津波による被水で多くの電源関連設備が機能を喪失したことなどにより炉心の冷却機能が損なわれたのである（東京電力福島原子力発電所における事故調査・検証委員会，2011，19頁）。

　さて，2008（平成20）年7月，東電社内では，武藤栄原子力・立地副本部長原子力担当，吉田昌郎原子力設備管理部長は東電社内試算による「＋15.7メートル」という津波波高の情報に接して，「試算の前提とされた推本の長期評価が震源の場所や地震の大きさを示さずに，『地震が三陸沖北部から房総沖の海溝寄りの領域内のどこでも発生する可能性がある。』としているだけのものである上，津波評価技術で設定されている三陸沖の波源モデルを福島第一原発に最も厳し

くなる場所に仮において試算した結果にすぎないもの」であること，上述の情報に接していたころ，「東京電力が平成19年7月の新潟県中越沖地震に見舞われた柏崎刈羽原発の運転再開に向けた対応に追われており，地震動対策への意識は高かったが，津波を始めとする地震随伴現象に対する意識は低かった」ことで，「ここで示されるような津波は実際には来ないと考えていた」。また「武藤副本部長及び吉田部長は，念のために，推本の長期評価が，津波評価技術に基づく福島第一原発および福島第二原発の安全性評価を覆すものかどうかを判断するため，電力共通研究として土木学会に検討を依頼しようと考えた。ただし，あくまでも『念のため』の依頼であって，その検討の結果がかかる安全性評価を覆すものであるとされない限りは考慮に値しないものと考えていた」こと，という対応をした。

　防潮堤の設置により津波の遡上水位を1-2メートル程度まで低減できるものの，数百億円規模の費用と約4年の時間が必要になると見込まれ，津波対策として防潮堤を造ると，原子力発電所を守るために周辺集落を犠牲にすることになりかねないということも考えられた。

　結局，武藤副本部長により，「①推本の長期評価の取扱いについては，評価方法が確定しておらず，直ちに設計に反映させるレベルのものではないと思料されるので，当該知見については，電力共通研究として土木学会に検討してもらい，しっかりとした結論を出してもらう，②その結果，対策が必要となれば，きちんとその対策工事等を行う，③耐震バックチェックは，当面，平成14年の津波評価技術に基づいて実施する，④土木学会の委員を務める有識者に前記方針について理解を求めることが，東京電力の方針として決定された。」（東電福島原子力発電所における事故調査・検証委員会，2011，396-397頁）。東電は，東北電力，日本原電と異なる対応を「決定」した。

　東電は以上の方針に従って，前出の「地震・津波，地質・地盤合同ワーキング・グループ」の2009（平成21）年6月24日に開催された第32回審議会において，福島第一発電所に関して想定される津波の高さが低すぎるとして警告されたものの，賛同しなかった。

　当時の審議では，岡村行信委員が，「まず，プレート間地震ですけれども，1930年代の塩屋崎沖地震を考慮されているんですが，御存じだと思いますが，ここ

は貞観の津波というか貞観の地震というものがあって，西暦869年でしたか，少なくとも津波に関しては，塩屋崎沖地震とは全く比べ物にならない非常にでかいものが来ているということはもうわかっていて，その調査結果も出ていると思うんですが，それに全く触れられていないところはどうしてなのかということをお聴きしたいんです。…少なくとも津波堆積物は常磐海岸にも来ているんですよね。かなり入っているというのは，もう既に産総研の調査でも，それから，今日は来ておられませんけれども，東北大の調査でもわかっている。ですから，震源域としては，仙台の方だけではなくて，南までかなり来ているということを想定する必要はあるだろう，そういう情報はあると思うんですよね。そのことについて全く触れられていないのは，どうも私は納得できないんです。」（総合エネルギー調査会原子力安全・保安部会 耐震・構造設計小委員会　地震・津波，地質・地盤合同WG，2009，16-17頁）との問いかけに対して，結局，事務局は「今回の中間報告におきましては，東京電力の方は津波の評価をまだ提出しておりません。そういうこともありまして，本報告で津波のところもやってくるはずですし，その中で，こういった知見も踏まえた場合の評価といったものが一体どういうふうにできるのか。その場合に，東京電力が設定した津波の解析条件ではありますけれども，そういったものに対して，津波堆積物のところ，要は得られているところの結果，そこら辺，ちょっと検討できるかどうかということはありますが，少しそういったもの，津波の波源を設定するときの考え方等との整合性もとった上で，地震動評価上何か影響があるのかという位置付けの検討は，少し必要なのかなと思っております。何らかの記述をいただくということで御納得いただいたということでよろしいでしょうか。」（総合エネルギー調査会原子力安全・保安部会 耐震・構造設計小委員会　地震・津波，地質・地盤合同WG，2009，14頁）として過ごしたのである。

3.4.2　東電の事業経営と津波対策

　なぜ，東電は津波対策をほどこさなかったのだろうか。前述した東電の自主点検記録改ざん問題の際，原子力安全・保安院が指摘したように，東電全体の意思疎通の悪さと原子力部門の超然性という性格の上に，中越沖地震のために

図表 3-9 東電原子力発電所設備利用率の推移

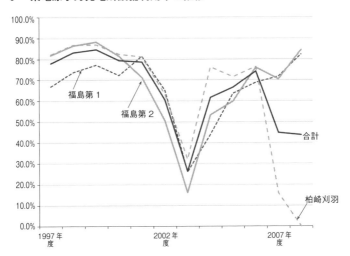

（注）設備利用率は,（当該発電所の発電電力量）/（当該発電所出力*24*365）で算出している。
（出所）『電力需給の概要』より筆者作成。

図表 3-10 東電の火力，原子力発電所の発電実績

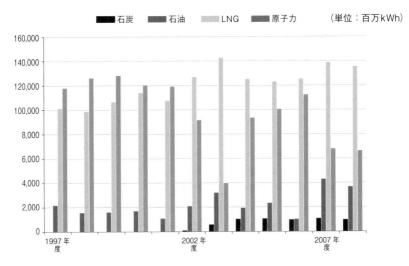

（出所）『電力需給の概要』より筆者作成。

86

図表 3-11　東電の支出の推移

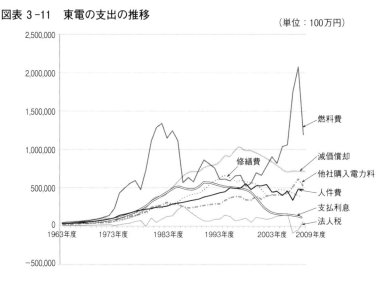

（単位：100万円）

（出所）『電気事業要覧』より筆者作成。

東電柏崎刈羽原子力発電所が運転停止しており，福島第一発電所の停止といっ
た，それ以上の供給力減退につながるようなことを避けたい，との判断が背景
にあったのではないだろうか[23]。

　図表 3-9 は1997（平成 9 ）年度から2008（平成20）年度までの東電原子力
発電所の設備利用率の推移である。2008（平成20）年度は前年の中越沖地震の
被災により，放射能を扱っていることから，被害状況の詳細な検査のため柏崎
刈羽発電所の運転がストップしてしまい，同発電所の設備利用率は 0 ％となっ
ている。柏崎刈羽発電所の停止をカバーするように，福島第一，福島第二発電
所の運転が続けられ，2002（平成14）年に発覚した自主点検記録改ざん問題，
格納容器漏えい率隠ぺい問題のために低下していた設備利用率を急速に高めて
いる様子が明らかである。また，図表 3-10の東電の火力発電，原子力発電の

23）　NHKメルトダウン取材班（2021）では，「原発の安全神話。自治体への慮り。原発推進
　　の国家政策。民間企業としての経営。電力業界の横並び。そこに国と自治体の思惑も交差
　　し，津波のリスクは正面から取り上げられなかった」（630頁）としている。

発電実績において原子力発電の減少分を補うように，石炭，石油，LNGの火力発電実績を増加させており，その結果，**図3-11**の東電の支出推移において，この時期に「燃料費」が激増している点が明らかとなっている。そして，東電は2007（平成19）年度1,700億円，08（平成20）年度1,000億円以上の赤字を出しているのである。つまり，869年という1000年以上も前の貞観地震を念頭に置いた津波対策を行うため，福島第一発電所を停止して工事を行う余裕など，当時の東電にはなかったのであろう（中瀬，2013b）[24]。

　この点で，東電の2009（平成21）年3月期の決算短信において，「柏崎刈羽原子力発電所の停止が続くなか，電気の安定供給を確保するため，新規電源の営業開始に向けた工事を着実に実施するとともに，既設電源や重要な流通設備では，確実な運転・保守，設備診断・予兆管理・巡視などの保安対策強化の継続等により計画外停止を回避していきます。…また，平成21年度は，3年連続の赤字を回避するのみならず，危機突破を確実なものとするために十分な利益水準の確保をめざし，平成20年度の1,000億円を超える費用削減に加え，さらに500億円規模での削減を確実に実行します。」（東電，2009，10頁）という件は示唆的である。

　東電は地域独占のもと，供給責任を達成すべく供給力を整備し続けて，電力ベストミックス体制にたどり着いた。その「電力ベストミックス」体制は膨大な固定資産を積み上げたため，総括原価方式で「高い」電気料金となり，グローバル競争にある産業界から競争の一部導入，電気料金の引下げが求められた。電力「部分」自由化の下で「普通の会社」を目指した東電はコストダウンの徹底，設備投資の抑制を実現すると共に，その際，「異質の危険性」を有する原発のメンテナンスにも例外なくコストダウンをほどこして，中越沖地震を被ってしま

---

24)　朝日新聞取材班（2011）では中越沖地震後の東電内部の混乱した様子が記されている。なお，第2章で述べたように，読売オンライン（2011）によれば，オール電化住宅戸数は2002（平成14）年3月末13,000戸から2008（平成20）年3月末456,000戸に，2010（平成22）年末855,000戸へと増加しており，2002年から2010年までの8年間で80万戸近く，400万kWの消費電力分が増加したことになり，福島第一原子力発電所出力469万kW程度といえる。つまり，福島第一原子力発電所を止めて，貞観地震ほどの規模の地震が起こす津波に対応するとなると，オール電化で増加した需要分に応えられないということになる。

い，オール電化を含めた需要に対する供給責任を果たすために福島第一原発を
停止してまで1000年前の貞観津波への対策を進められなかったのである。東電
経営の歴史的分析から，火力発電燃料費の影響，総括原価制度の下での設備投
資額の蓄積と高電力料金との関係，特に「異質の危険性」を有する原発のメン
テナンスへの不十分な対応，という 3 つの問題を抱えていたことが明らかとな
る。いわば，東電福島原発事故は，東電の電気事業経営の歴史的な到達点に生
じた過酷事故といえるものだった。

第 4 章

電力システム改革と
GX推進による対応

　本章では，中瀬（2023c）を大幅に加筆修正して，第3章で取り上げた東電福島原発事故に対し，国，経済産業省が対応しようとしている電力システム改革を検討する。

4.1　電力システム改革に関する議論

　この電力システム改革については，竹内（2022）では「電力の安定供給がおぼつかない状態」に陥ったとし，公益事業学会政策研究会（2023）では「電力システム改革の目的は，①安定供給の確保，②電気料金の最大限抑制，③電気利用の選択肢，企業の事業機会の拡大，とされているが，2022（令和4）年度末時点で，これらの3つの目的が達成されているとは言いがたい状況である」，そして「電力市場の需給調整機能は，余剰設備をスリム化するには効果的だが，安定供給上必要な新たな投資を呼び込むインセンティブは過少になる点で不完全である。この不完全な電力市場を補完するサブシステムとして容量市場が導入されることとなっている」という。井関・井上・岩井・本名・中井・西村（2020）も含め電気事業に関係する研究者は，特に市場競争の追求は電力システム改革の目的であった「安定供給の確保」を十分に達成していないと評価する。そして竹内（2022）は「分散型システムと基幹的な大規模集中型システムの役割分担が明確になり，それぞれがそれぞれの役割を果すことが必要です。広域化する基幹的なネットワークは太い動脈のように，分散型システムは毛細血管のように，全体が網の目のように張り巡らされ，効率的に運用されるシステムに作り変えていかねばなりません」とするように，分散型システムを継続するものの，集中型システムをも志向する。

これらに対し，電力システム改革専門委員会委員であった松村は2023（令和5）年3月の公正取引委員会による，企業向け電力供給を巡る大手電力のカルテル問題での当該企業に対する独占禁止法違反での課徴金納付指示の件から，大手企業間の競争が不十分であるとして更なる改革を主張する（松村，2023）。また高橋（2016）では「電力システム改革を字義通りに解釈すれば，電力の需給を巡る一連の仕組みを改めることを指す。それを本書の観点からとらえれば，集中型システムを分散型に転換することになる」と主張し，「市場メカニズムこそが需給調整を最も効率的に行う分散型の仕組みである」として電力システム改革後の現在の市場化を受け入れる。なお，道満（2023）は，EUでは後述するメリットオーダーに基づく市場設計と再エネに対する優先給電や優先接続を設定する市場メカニズムによって，再エネにとっての競争条件を確保し導入されていることなどを明らかにしている。

以上の市場化とはまさに自由（無政府的）に再生可能エネルギー開発を進めたことから，次章で詳述する傘木（2021）は闇雲な再エネ開発だと指摘する。

電力システム改革に対し，どちらかというと厳しい評価を行う論者が集中型システムを，受け入れる論者は分散型システムを志向するようである。そもそも，東電福島原発事故から立ち直るのに電力システム改革は適当なのだろうか。そこで，電力システム改革とはどのような事態なのか，なぜ実施されたのか，それによって生まれた当該システムのメカニズムはどのようなものかを検討しよう。

4.2　電力システム改革とアベノミクス

4.2.1　東電福島原発事故と電力システム改革

電力システム改革専門委員会（2013）は，電力システム改革前のあり方について「しかしながら，一連の改革の後，一般電気事業者による事実上の独占という市場構造は基本的に変わっておらず，部分自由化の現状でも競争は不十分である。…料金体系についても，部分自由化以降，様々な料金メニューが提供されているが，ピーク時には高額になることによりデマンドレスポンス（需給ひっ迫の状況に応じた電気の利用）を促す料金メニューや，燃料費の変動の影響を受けにくい料金メニューといったものは，ほとんど提供されていない」か

ら，「市場構造の大きな変化は生じていない」，「東日本大震災による原子力発電所の事故やその後の電力需給のひっ迫を契機に，これまでと同様の電力システムを維持したのでは，将来，低廉で安定的な電力供給を確保できなくなる可能性があることが明らかになった」とする。

つまり，「第 1 に，これまで，エネルギーの自立，コスト，温室効果ガス低減効果等の観点から最も優れていると考えられ，基幹電源と位置付けられていた原子力発電への信頼が大きく揺らいだ。その結果としてもたらされた原子力比率の低下や安全規制の抜本的強化，供給力不足等に伴う関連コストの増大は，今後中長期的に電力価格の上昇圧力となると考えられる」こと，「第 2 に，震災と同時にもたらされた需給ひっ迫は，『需要に応じていくらでも供給する』という発想の下で大規模電源による供給力確保を行うという従来の仕組みに内在するリスク，すなわち価格による需給調整が柔軟に働かないことを露呈した」こと，「第 3 に，需給ひっ迫に対し，他の地域からの融通で対応しようにも，供給力の広域的な活用に限界があった」こと，「第 4 に，震災を機に『電力を選択したい』という国民意識の高まり，ピーク時の電力使用量の抑制の持つ大きな経済価値」が見出されたこと，「第 5 に，再生可能エネルギーを含めた多様な供給力の活用を前提とした電力システムへの転換が必要となった」こと，とされている。

つまり，当該委員会は，電力システム改革を「電力供給」を巡る，いわばパラダイムシフトだと位置づけた。「こうしたパラダイムシフトの中，競争が不十分であるというこれまでの課題や震災を機に顕在化した政策課題に対応するためには，垂直一貫体制による地域独占，総括原価方式による投資回収の保証，大規模電源の確保と各地域への供給保証等といった我が国の電力供給構造全体をシステムとして捉えた上で，包括的な改革を行うことが必要となる。これまで料金規制と地域独占によって実現しようとしてきた『安定的な電力供給』を，国民に開かれた電力システムの下で，事業者や需要家の『選択』や『競争』を通じた創意工夫によって実現する方策が電力システム改革である。」とつづった。

山口・次世代系統懇話会（2023）は，既存の電力系統には，⑴需要家の選択行動を活用し需要抑制することで供給力に余裕を持たせる，⑵全国規模での最適需給構造を目指す，という視点が乏しかったと総括していると述べる。

具体的には，「Ⅰ　電力システムの改革の目的」を「1. 安定供給を確保する，2. 電気料金を最大限抑制する，3. 需要家の選択肢や事業者の事業機会を拡大する」ことだとして，「Ⅱ　主な改革内容」を，「1. 広域系統運用の拡大，2. 小売及び発電の全面自由化，3. 法的分離の方式による送配電部門の中立性の一層の確保」とまとめた。

　しかしそもそも，東電福島原発事故という例を見ない未曾有の過酷事故であったことから，新聞記事の投稿欄で，広島県に住む50代主婦は「今回の事故により各国では原発見直しの動きが高まっている。今こそ私は，瀬戸内海を愛する一人として，この上関原発についても，反原発に立ち上がる人々の姿に，もっともっと多くの人が真剣に目を向けてほしい，と訴えたい。まだ間に合うのなら…」（『朝日新聞』2011年5月5日朝刊）とし，東京都の小学生は「事故がおきた原発は，東京などで使う電気をつくっていたそうです。福島の子どもたちは今，大変な思いをしています。東京にすむわたしはどうしたらいいのか，よくわかりません。ただ，福島でくらしている人のことをわすれずにいようと思います。そして，大きくなったら原発反対に投ひょうしようと思います」（『朝日新聞』2011年9月3日朝刊）（筆者は2011（平成23）年9月に甲南大学にて開催された日本経営学会「特別フォーラムＡ東日本大震災シンポジウム」にて発表）とあるように，日本社会はこの東電原発事故に対して厳しい評価を抱いたものの[1]，それまでのシステムから，発電，送配電，小売に分断し，その送

---

1) 日本原子力文化振興財団（2013）では，原子力発電開発に対する，東電福島原発事故前後の日本国民の世論の調査を掲載している。東電福島原発事故前の2010（平成22）年9月時点で，「必要である」49.1％，「どちらかといえば必要である」28.3％，「どちらともいえない」16.7％，「どちらかといえば必要でない」1.5％，「必要でない」2.6％，「無回答」1.8％，であった。「必要である」「どちらかといえば必要である」の合計は77.4％，「どちらかといえば必要でない」「必要でない」の合計は4.1％となっていた。これに対して，東電福島原発事故後の2012（平成24）年11月時点では，上述の回答がそれぞれ，12.6％，23.4％，38.1％，10.9％，13.7％，1.3％へと変化しており，「必要である」「どちらかといえば必要である」の合計は36.0％と半減し，「どちらかといえば必要でない」「必要でない」の合計は24.6％と大幅に増加し，「どちらともいえない」が38.1％と倍近くになっていた。この財団は原子力開発推進の立場に立つ組織であるが，明らかに原子力発電開発に対して，その必要性に疑問を抱く人々が大きく増加していることを報告している。

配電部門を中立化して日本大の広域系統運用を果たし，小売と発電における全面自由化といったパラダイムシフトをなぜ提案できたのだろうか。

4.2.2　アベノミクスとの関係

　それは「日本を，取り戻す。」というスローガンの下で政権に就いた自公安倍内閣によるアベノミクスの成長戦略を主張する日本経済再生会議の政策に位置付けられたからだった。日本経済再生本部（2013）は「第4回日本経済再生本部における安倍総理の指示を踏まえ」，「電力システム改革は，新規参入の促進や競争環境の整備により，電力の低廉かつ安定的な供給を一層進めていくものであり，そのポイントは，①電力自由化の推進，②送配電部門の中立性を高める事，③広域系統運用の拡大，である。エネルギーコストの削減やエネルギー制約の克服のため，『生産（調達）』，『流通』，『消費』の各面において行う改革の中心をなすのが，この『電力システム改革』だと」捉えた。

　電力システム改革小委員会委員長を務めた伊藤元重は「日本が取り組もうとしている電力システム改革は，アベノミクスの成長戦略のなかでもとりわけ重要な位置を占めるものと期待される。電力分野の投資規模は巨大であり，その投資が経済に及ぼす効果も大きい」，「発送電分離や小売の全面自由化は，新規事業者が参入しやすい環境を実現するうえで有効なはずだ。多様な事業者が参入することで，より効率的な電力システムが実現することが期待される」（伊藤，2013）と著したのである。2013年9月以降2年間，日本国内の原発50基すべてが停止したように原発稼働が見通せなかった当時，アベノミクス成長戦略のもとでの新自由主義の考え方に従う計画だからこそ強力に推進され，容易にそのあり方を修正，変更するのは難しかった。電力システム改革はアベノミクス[2]に深く関わるものだった。

2）　アベノミクスの成立過程を詳細に論じる軽部（2018）は，2012（平成24）年12月の衆議院議員選挙期間中から，自公勢力の圧勝が予想されるとして，当時の財務省，経済産業省の官僚らが自民党総裁安倍晋三のインフレターゲット導入論への対応準備を模索していたこと，いよいよ第2次安倍内閣が発足し「三本の矢」（大胆な金融政策，機動的な財政政策，民間投資を喚起する成長戦略）としてまとめられたことを明らかにする。まさに電力システム改革をパラダイムシフトとする点はアベノミクスと深く関わったからだといえよう。

4.3 電力システム改革と供給不安

　電力システム改革後のあり方は，前述のように，発送配電一貫経営を，発電，送配電，小売に分担し，国の監視のもとでそれぞれを担う事業者によって進められるものとされた。つまり，電力・ガス取引監視等委員会の監視，司令塔としての電力広域的運営推進機関（以下，広域機関と略す）のもとで，小売事業者，発電事業者，一般送配電事業者（旧大手電力会社の送配電部門が切り離された事業者）がそれぞれの役割を果すことで，安定供給の確保を目指すものとなった（竹内，2022，木舟，2022）。

　上述したように，電力システム改革の目的は，安定供給の確保，電気料金の最大限の抑制，需要家の選択肢や事業者の事業機会の拡大，とされているが，とりわけ安定供給の確保が目指されたはずだった。**図表 4‐1**にあるように，日本卸電力取引所スポット市場月平均のスポット価格は入札・約定量の増加を伴

図表 4‐1　日本卸電力取引所スポット市場における月平均のスポット価格，入札・約定量の推移

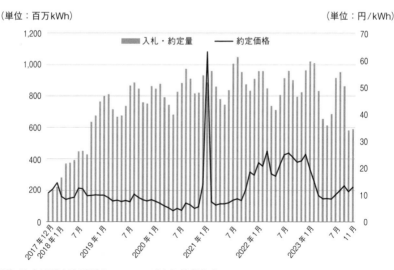

（出所）日本卸電力取引所ホームページより筆者作成。

96

いながら，2017年から2020年11月までは下降傾向だったものの，2020年12月から上昇し始めて2021年1月に極端に上昇して現実には供給不安状態となった。

　まず2020（令和2）年度冬季には約定価格が急上昇している。旧一般電気事業者（東電，関電など従来の電気事業法（1964（昭和39）年法律第170号）による参入規制により自社供給区域における電気の小売供給の独占を認められていた電力会社10社のこと，以下では旧一電と略す）を中心とする複数の大手電力は後述のように，日本卸電力取引所（JEPX）スポット市場に対して自主的な入札を行っているが，このとき天然ガスなどの燃料在庫が想定を上回って減少したことで需給がひっ迫し，火力発電所の出力を抑制したためこのスポット市場への供給電力が減少して「玉切れ」が発生し異常な価格高騰となったのである。

　また，2022年2月ロシアによるウクライナ侵攻以降にも，日本国内における「電力需給ひっ迫」状況が起こった。この点も図表4-1から，2022（令和4）年春以降の約定価格の高値横ばい状態が明らかとなる。同年3月16日福島沖での震度6強の地震で火力発電所が停止し復旧に手間取っている間に，寒波が襲来して電力需要が高まり，電力供給の予備率（いわゆる余力）が3％を下回ると予測され，大規模停電（ブラックアウト）回避のために，同年3月22日東京電力管内において「電力需給ひっ迫警報」が発令された。この警報が発令されたのは，電力供給のエリア予備率が3％を下回ると予測されたからである。予備率3％に到達する前に注意を促すため，エリア予備率が5％を下回る見通しとなった際には「電力需給ひっ迫注意報」を発令するとされたところ，同年6月に猛暑日が続き，東京電力管内のエリア予備率は5％を下回る予測となって「電力需給ひっ迫注意報」が発令され節電が呼びかけられた（6月28日-30日）。結局は，需要家による節電と揚水発電で乗り切ったとのことだった。

　2022（令和4）年のこの時期，電力自由化後に登場し，電力調達の多くをスポット市場に依存していた新電力会社の数社は，燃料高で卸電力価格の高騰となり，小売価格との関係で逆ザヤとなって経営困難に陥り，その新電力会社と契約していた顧客は電気供給を受けられないという「電力難民」の急増が危ぶまれた。供給不安が続いた。

4.4　電力システム改革後のシステム

4.4.1　日本卸電力取引所（JEPX）スポット市場の仕組み

　電力システム改革後のシステムはどのようなものだったのだろうか。まずは前述の卸電力市場である日本卸電力取引所（JEPX）スポット市場についてである。こちらは，日本卸電力取引所（JEPX）の代表的な市場で，翌日受け渡される電気を30分単位（24時間×2コマ＝48コマ）で売買される前日スポット市場である。発電事業者と小売事業者の相対取引もあるものの，**図表4-2**にあるように，このスポット市場で約定される量が増大し，2021（令和3）年段階で需要電力量の4割にまで到達するほどに成長したという。

　こうしたJEPXスポット市場における取引量増加について，「旧一般電気事業者による自主的取組の進展により新電力の調達環境が改善したことに加え，旧一般電気事業者の社内取引の一部を市場経由で行うグロス・ビディングの進展，連携線利用ルールの運用見直しが挙げられる」という。なお，「前者のグロス・ビディングについては，例えば令和3年4月～令和3年6月における事業者別の買い入札量を見ると，旧一般電気事業者は531億kWh，新電力その他の事業者は358億kWhであり，スポット市場の買い入札量の大部分（60.5%）が旧

図表4-2　電力需要に対するJEPX取引量（約定量）の比率（2012年4月-2021年8月）

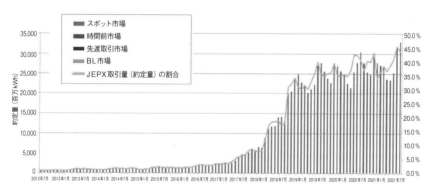

（出所）電力・ガス取引監視等委員会（2021）に筆者加筆。

図表 4 - 3　大手電力の自主的取り組み

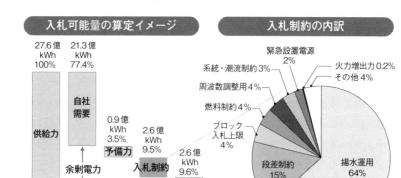

・沖縄電力を除く大手電力 9 社の合計値
・指定日 1 日間（'17/5/30）の全時間帯にて作成

（出所）木舟（2022）243頁。
（原典）電力・ガス取引監視等委員会資料

一般電気事業者によるものとなっている。また，後者の連系線運用の見直しについては，卸電力市場の取引量増加を図るため，現行連系線利用ルールを『先着優先』から，市場原理に基づきスポット市場を介して行う『間接オークション』へと変更することを軸にルールの見直しを行うこととされ，平成30年10月から間接オークションが実施された。また，令和元年 8 月よりベースロード市場取引が開始された。」（電力・ガス取引監視等委員会，2021）ことが背景としてあると指摘されている[3]。

　この日本卸電力取引所（JEPX）は2005（平成17）年 4 月より私設任意組織として運営され，2013（平成25）年 3 月からの市場活性化を目的に，**図表 4 - 3**のイメージで，自主的な余剰電力の全量を限界費用で卸電力取引所（JEPX）スポット市場に入札して同時同量を達成する方向で進められた（公益事業学会政

3）　2022（令和 4 ）年 3 月時点で，国際的なLNG価格上昇のためにLNGを転売してしまい，日本卸電力取引所（JEPX）スポット市場には，JERA 1 社しか電力を供給しておらず，他の旧一般事業者は当該市場からの買い越し状態が見られるという（日経エネルギー Next 電力研究会，2022）。

策研究会，2023）。その論理は「9電力会社間の経済融通を拡張した市場取引が否定され，何も相対取引や契約や発電能力を持たないプレーヤーが電気を買える卸電力取引が選択され」て，「『小売市場の自由化が決まった』⇒『小売に新しいプレーヤーが登場する必要がある』⇒『電源の建設・保有は難しい』⇒『9電力会社の電気を他のプレーヤーに直接渡さなければ競争の姿にならない』⇒『卸売電力市場が必要だ』という流れだったと推察でき」，一種の「配給所」だとされる（西村・戸田・穴山，2022，98-99頁）。そして小売全面自由化の始まる2016（平成28）年4月より国の認可法人となった。

4.4.2　日本卸電力取引所（JEPX）における電力取引

JEPXで取引を行うにはこちらの取引会員になることが必要であり，2023（令和5）年11月現在，旧一電，新電力会社等取引会員は292社，一般送配電事業者9社（北海道電力ネットワーク株式会社，東北電力ネットワーク株式会社，東京電力パワーグリッド株式会社，中部電力パワーグリッド株式会社，北陸電力送配電株式会社，関西電力送配電株式会社，中国電力ネットワーク株式会社，四国電力送配電株式会社，九州電力送配電株式会社，）は特別取引会員となっている。

さて，このJEPX市場の電力取引は，**図表4-4**のように進められる。このとき，もちろん同時同量原則が堅持され，前述のように，スポット市場，時間前市場では，ブラックボックスにおいて，翌日受け渡される電気を30分単位（24時間×2＝48コマ）で売買される。

供給側では，自社の獲得した顧客への販売量に見合う供給力を確保しておく「供給能力確保義務」（事前に計画した販売量と実際の販売量の一致を義務づけられている）を有する小売事業者は，計画した発電量と実際の発電量の一致を義務付けられている発電事業者から，電力を購入し，一般送配電事業者と発電量調整供給契約，接続供給契約を結んで，送配電事業者の設備を経て需要家に販売される。

実際には，前日スポット市場の翌日の時間前市場が実需の1時間前に閉められ（ゲートクローズ），実績値が計画値を上回った場合（インバランスが起こった場合），放置すると周波数が乱れたり，最悪の場合停電が起きてしまうため，

図表 4-4　日本卸電力取引所（JEPX）における電力取引の流れ

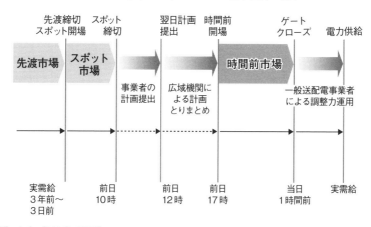

（出所）木舟（2022）239頁。
（原典）電力・ガス取引監視等委員会資料

　一般送配電事業者は，「柔軟性」と認識される「調整力」（①火力発電所や水力発電所など制御可能な発電所，②揚水発電等エネルギー貯蔵装置，③他の系統エリアとの電力融通に利用される連系線，④需要側の対応となるディマンドレスポンス（安田，2016））を，所有するのではなく確保しておいて，調整して発電量と需要量を一致させる。

　第 2 章で述べた，電力システム改革前の「電力ベストミックス体制」の時代であれば，上述の「調整力」は，地域独占して供給責任を有する，発送配電一貫経営の当該電力会社がその「予備力」として活用していた[4]。それら 3 つの予備力が現在では一次，二次，三次の調整力として位置付けられ，それら調整

4）「電力ベストミックス体制」では，①数秒～数分程度の周期に対応する瞬動予備力（予期せぬ事故を検知したら通常10秒程度で出力を増加あるいは減少させることが可能な供給力），②数分～数十分程度の周期に対応する運転予備力（部分負荷運転中の発電機や停止待機中の水力発電やガスタービンなど約10分以内に起動できる発電機の負荷周波数制御，LFC），③十数分～数時間程度の周期に対応する待機予備力（汽力発電機と呼ばれるボイラーでお湯を沸かして蒸気でタービンを回すタイプの発電機の経済負荷配分制御EDC），が予備力として活用されていた。

力を調達する「需給調整市場」が整備される予定となっているという。

そして，JEPX スポット市場の約定価格は，図表 4-5 のように，ブラックボックス内で売り入札と買い入札の交差点を「シングルプライス」として約定されるブラインド・シングルプライスオークション方式を採用する。約定価格が仮に「8円/kWh」と約定された場合，この「8円/kWh」よりも安い「売り入札」を入れた場合には売ることができ，高いと売れない。またこの「8円/kWh」よりも高い「買い入札」を入れていれば買うことができるが，安いと買うことはできない。

4.4.3 日本卸電力取引所（JEPX）スポット市場の評価

以上のスポット市場のメリットとデメリットは以下と考えられる。まず，メリットとしては，総括原価方式を採用せずに需給によって約定価格が決定されることから「透明性」があること，従来の「電力ベストミックス体制」でみられた「天井知らず」のピーク需要は回避されてコスト積上げは避けられること，どの小売電気事業者でもこのスポット市場を活用して販売電力を調達して電力供給を行うことができること，そして GX に関わる市場が盛り上がることであろう（環境エネルギー投資調査研究班，2023）。

ただし，当該市場の発展は新電力をして，スポット市場からの電力購入に依存させるというリスクを抱え込ませる。前述した 2022（令和 4）年 3 月以降のスポット価格の高騰で，スポット市場からの調達に依存し過ぎていた新電力会社は苦境に陥った。帝国データバンクによると，2021（令和 3）年 4 月までに登録のあった新電力会社 706 社のうち，2023（令和 5）年 3 月 24 日時点で 195 社（構成比 27.6％）が倒産や廃業，または電力事業の契約停止，撤退などを行ったという。2022（令和 4）年 3 月末時点では累計 31 社だったことからすると，1 年間で 6.3 倍に急増したことになるという（帝国データバンク，2023）。「生き残った」新電力は，その多くが自ら発電機能を持っていないため，JEPX からの調達に加えて，旧一電やその他独立発電事業者から相対契約で電力を購入することが求められるのである（日経ビジネス，2023，神子田，2022）。

他のデメリットとしては，第 1 に，供給力の未整備につながる可能性が高い。橘川（2021）は発送電分離によって発電・送電・配電の各設備間のバランスの

図表4-5 JEPXスポット市場における約定

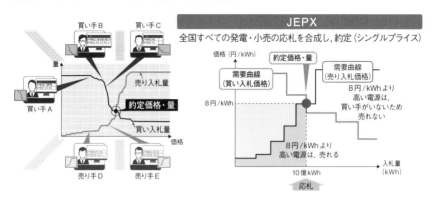

(出所) 日本卸電力取引所 (2019) 9頁, 木舟 (2022) 241頁。

とれた投資を行いにくくすると指摘する。英米の電力自由化の際に登場したガス火力発電事業者のような新規参入者 (小林, 2021) が現在の日本では存在せず, 主な新規電源は気象条件に左右される, **図表4-6**に記されているFIT電気が考えられるからである。

　また, スポット市場への入札量は, 前述のように基本的に既存電気事業者の余剰電力の中から, しかもその中の一定量の火力は送配電事業者による三次調整力用で先に抜かれることから少なくなってしまう恐れがある (公益事業学会政策研究会, 2023)。

　そしてシングルプライスのため上述のスポット市場で成立した約定価格以上の価格を付けた発電設備 (例えば燃料費のかさむ火力電源など) は失注をしてしまう。そもそも, 限界費用という, 電力を1kWh追加的に発電する際に必要とする費用 (公益事業学会政策研究会, 2023) とするメリットオーダーシステムの考え方に基づくと, **図表4-7**のように考えられる。「電力という商品は基本的に在庫を持つことができず, その都度同時同量を満たさなければならないため需要曲線はほとんど垂直の直線となる。需要曲線は刻一刻と (a) (b) 間を水平方向に移動し, メリットオーダー曲線と交差する点 (限界プラント) でその時刻における市場のスポット価格①〜②が決定される。…風力や太陽光発電など限界費用が低い再エネが増えると③, メリットオーダー曲線が (B) の

図表 4-6 FIT電気が消費者に届くまでの流れ

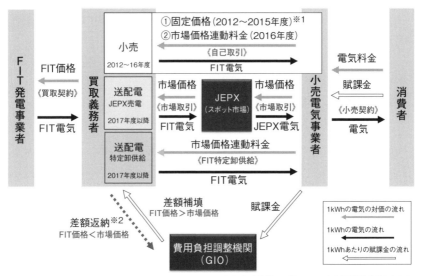

※1 2021年4月以降は、①についても市場価格連動料金となる。
※2 差額返納制度は、2022年4月より開始予定。

（出所）資源エネルギー庁（2021）。

図表 4-7 メリットオーダーの概念図

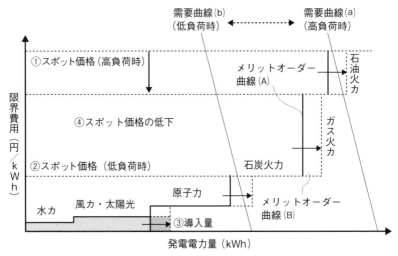

（出所）安田（2017）225頁。

図表 4-8　火力電源の減少状況

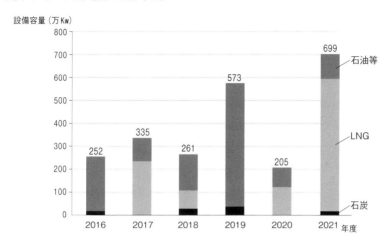

（出所）資源エネルギー庁（2022）。

ように右側に平行移動していき，同じ需要曲線（a）でも限界費用がより低い電源が限界プラントとなり，結果としてスポット価格が低下する④」（安田，2017）。このように「自由化の進んだ世界の電力市場では多数の市場プレーヤーが透明で非差別的な電力市場を通じて取引することにより，需給調整や送電混雑緩和のかなりの部分を市場に委ねた運用になって」（安田，2017）おり，再生可能エネルギーは市場メカニズムによって火力発電よりも有利な電源と考えられることになるという。

　また，火力発電事業者にとって，再生可能エネルギーは天候や時間帯によって発電量が異なるために先行きの需要が見通せず，火力発電用の燃料調達は保守的となり，実需給断面では燃料切れで電源が稼働できないという状況も出てくる。前述注 3 で記した状況もここに含まれよう。

　脱炭素化の流れがあり，上述のような稼働率の低下等事業性の悪化，設備の老朽化で火力発電の休廃止は増加してしまい，調整機能を有する火力電源は**図表 4-8** のように減少傾向になると予想される。このことは，「供給力と調整力全体での最適な電源運用とならず，発電事業者全体が合理的で十分に期待利益を確保できていない」（公益事業学会政策研究会，2023，41頁）ことになると

いう。電力システム改革前の火力発電燃料問題は形を変えて残っている。

　第2に，中立的な立場に立つ送配電事業者がインバランスの調整を行う結果，発電事業者，小売事業者に供給力増加の必要を感じさせなくし，電気事業者の競争が変質すると考えられる。従来のシステム下での競争は，需要と当座で有する供給力を比較して不足する供給力を開発し，顧客に対していかに需給一致を達成するかという需要開拓を巡るものであった。現在のような一般送配電事業者による，最終的な需給一致に任せるあり方は，発電事業者，小売事業者をして顧客と正面から向き合わせるものではなく，そのためマーケットを肌で感じることはできないのではないかと考えられる。この点も結局は供給力の未整備につながるものであり，電気事業者をして，イノベーションに向かわせられるのだろうか。

4.5　日本政府によるGX推進の対応

　電力システム改革後に以上のような電力供給不安の事態が複数回起こり，社会的な批判も起こったことから，経済産業省（2023）はグリーントランスフォーメーションという化石エネルギーからクリーンエネルギーへの「大転換」を主張しつつも，本文書の章見出しに「エネルギー安定供給の確保を大前提としたGXに向けた脱炭素の取組」とわざわざ題して「気候変動問題への対応を進めるとともに，今後GXのみを推進していく上でも，エネルギー安定供給の確保は大前提であると同時に，GXを推進することそのものが，エネルギー安定供給の確保につながる。」と記した[5]。

　そして，改正省エネ法（エネルギーの使用の合理化等に関する法律）の活用，

---

[5]　新日本出版社『経済』2023年12月号では，「特集　未来を拓くエネルギー政策へ　岸田GX批判」と題して，「通常国会でGX（グリーン・トランスフォーメーション）関連法が成立しました。GX関連法は『脱炭素社会の実現』を標榜しながら，原発の再稼働や運転期間の延長，新型炉の開発，そして石炭火力発電の存続をはかろうとしています」（新日本出版社，2023，21頁）という問題意識で複数の興味深い論文が掲載されている。この『経済』では上述のスタンスとなっているが，著者は若干異なる視点から中瀬（2023c）で議論を展開している。

デマンド・レスポンスの推進，製造業における燃料転換などの需要側での取り組みとともに，「供給サイドにおいては，足元の危機を乗り切るためにも再生可能エネルギー，原子力などエネルギー安全保障に寄与し，脱炭素効果の高い電源を最大限活用する」と記した。

特に再生可能エネルギーについては，，地域との共生を図りながら，S+3E（安全性（Safety），安定供給（Energy security），経済性（Economic efficiency），環境（Environment）））を大前提に，主力電源として最優先の原則で最大限導入拡大とその主力電源化を強調した。期待される洋上風力発電開発では，環境影響評価の一部を国が代行して行うとする「日本版セントラル方式」を確立し，「地球温暖化対策の推進に関する法律等も活用しながら，地域主導の再エネ導入を進める。」と記された。

上述の再エネ主力電源化を図るための，7兆円規模の投資となる，再エネ導入拡大のための全国規模での系統整備計画を**図表 4 - 9** のように推進するとつ

図表 4 - 9　広域系統整備に関する長期展望

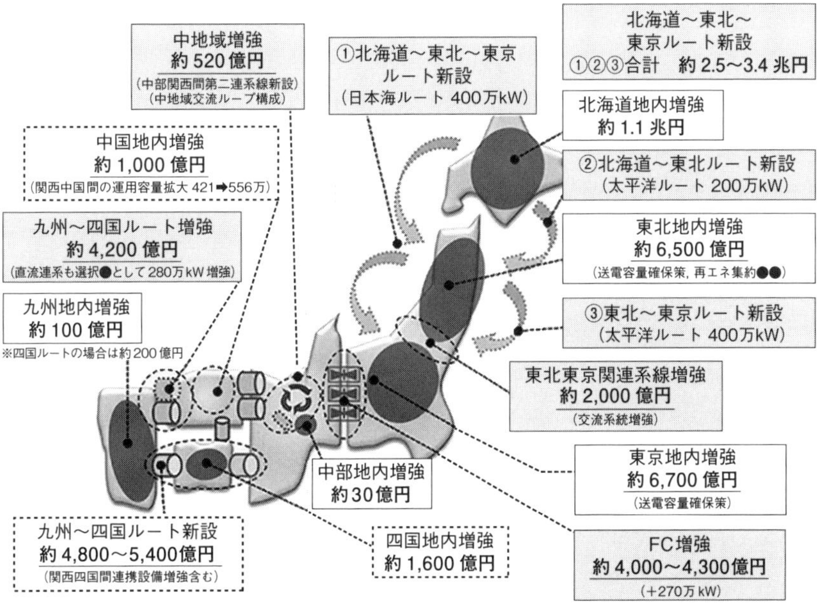

（出所）電力広域的運営推進機関（2023）。

づる。

　原子力については，安定供給とカーボンニュートラルの両立のための原子力の活用，カーボンニュートラルの実現に向けた電力・ガス市場の整備で扱われる。現在，容量市場という「発電することのできる供給力（容量）」（kW価値）の市場を整備し，「いざという時に発電できるという能力に社会的な価値があるとして発電設備の容量に対価を支払う」（木舟，2022，258頁）制度を用意しようとしている。この場合の売り手は発電設備を有する発電事業者で，買い手は小売事業者とされるものの，国の認可法人である広域機関によるオークションで落札電源と約定価格が決定し，小売事業者は一般送配電事業者，配電事業者とともに広域機関に容量拠出金を支出し，広域機関から発電事業者に容量確保契約金額を支払うものとされる。必要とした際に運転できるように，発電設備を確保しておきたいとの考え方である。

　また，前述のように「短時間で需給調整できる調整力）（△kW価値）の「需給調整市場」の整備，またベースロード市場の創設も計画されている。長期脱炭素電源オークションが設定されようとしており，あわせて発電・供給時にCO_2を排出しない脱炭素電源及び電力貯蔵の新設・リプレースが対象として，水素・アンモニア・バイオマスなどの非化石燃料を活用すべく，既存火力発電を改修する場合を含むという。この場合も広域機関を介して決定されるという。

　この点について公益事業学会政策研究会（2023）は「マルチプライス方式により各電源の固定費がそのまま約定価格となり，それが容量収入として長期に維持されることから，投資回収の予見性は通常の容量市場よりも高くなる。その容量収入の原資はすべての小売電気事業者，ひいてはすべての需要家が支えることになる。これは発電分野の規模の経済性の消滅を前提に，多数の発電事業者が激しく競争するという，電力システム改革が当初想定したシステムが大きく変わり始めることを意味する」（53-54頁）ものだと評価する。

　経済産業省（2023）では，他に水素・アンモニアの導入促進，資源確保に向けた資源外交など国の関与の強化が記された。

　上述の政策を実現するために，GX経済移行債の発行を計画し，2023（令和5）年当時の西村経済産業大臣は「政府が今後10年間で20兆円をGX経済移行債で確保して呼び水となる先行投資をし，民間の資金を引き出そうとしている。

…GX脱炭素電源法は，再生可能エネルギーの導入拡大と安全確保を大前提とした原発の活用が2本柱だ。再エネの導入拡大は精いっぱいやる一方で，原発も必要なものと認識している。これまでに10基が再稼働しているが，これに加えて7基の再稼働を進める。そして審査中の10基と合わせ，計27機が再稼働すれば，（温室効果ガスの排出削減目標である）30年度までに13年度比46％減が実現できる。エネルギー基本計画にも書いてある通り，原発依存度は長い目で見て下げていく方向で考えている」（西村，2023）とする。

　以上の点は電力システム改革後の供給不安を何とか解消しようとする動きであり，電力システム改革で志向した分散型システムというあり方に，国が関わって従来の集中型システムの性格をもたせたいと意図するものと考えられる。今後の供給不安を避けようと試みるものだが，基本的な性格は，戦時統制期に見られた「統制が統制を呼ぶ」という現象に似通う「市場が市場を呼ぶ」といった，市場を通じた，国による上からの電力システムの管理の進展とも考えられる。

　こうしたあり方は，第2章で述べたように，以前の日本の電力システムでみられた事業者に注目するものではなく，前述の電力システム改革の「主な改革内容」に記された「小売及び発電の自由化」を，全国規模での最適需給構造を構築する系統整備の実施によって支え，図表4-5のブラインド・シングルプライスオークション方式というバーチャルなあり方で実現しようとするものであり，他方で「市場の追加」によって補正しようとするものだと言えよう。しかしこの系統整備計画に依存しすぎるのも懸念されるし，こうしたあり方によって供給不安は解消されるものだろうか。つまり，果たして公益事業としての電気事業にとって望ましいあり方といえるのだろうか。限定された地域における現場の電力システムに関わる主体の健全な経営を考慮したあり方の追求が重要ではないだろうか。

　同じ公益事業として，産業が拡大発展したものとして航空輸送業がある。こちらはLCC（Low Cost Carrier）の登場で，航空運賃の低下により，以前は飛行機を利用しなかった長距離バスの乗客（米サウスウエスト社），フェリー利用客（ライアンエアー社，エアアジア社）が航空機の新たな搭乗客となった，民間事業者の活躍で産業として発展した。しかし電力の場合は，既存顧客を奪い

合うゼロサムゲームであり，供給力が増えないと価格競争という体力勝負に陥り，減価償却費を積み増して再投資に振り向けるだけの余裕はなくなり，結局供給力増加につながらない。日本の場合は国の存在が大きく，現場から離れてしまっており，イノベーションを起こすことは難しくなるのではないだろうか。

電力システム改革は第3章で明らかとなった問題の1つの，総括原価制度の下での設備投資額と電力料金の問題を解決して，東電福島原発事故からの復興の1つのあり方を示しているが課題は残されていると考える。それでは，どのような電力システムが望まれるのだろうか。電力システム改革前後から日本各地で進められた取組みについて次章で検討する。

第5章

日本の電力システムの未来

　本章では，中瀬（2019）（2023a）（2023c）に加筆修正して，どのような電力システムが望ましいのかを議論する。

5.1　脱炭素社会の構築と脱原発

　改めて，2015年のパリ協定（世界の平均気温上昇を産業革命以前に比べて2℃より十分低く保ち，1.5℃に抑える努力をすること）を合意し，国連総会において国連加盟国193カ国すべてが持続可能な開発目標SDGsに賛同しているにもかかわらず，2023（令和5）年7月は史上もっとも暑かったとして，国連事務総長グテーレスはもはや「地球温暖化」ではなく「地球沸騰化」の時代だと述べた。そこで，まずは脱炭素社会の構築を目指すことが求められよう。

　脱炭素社会に関する議論として，最初に斎藤（2020）を取り上げる。「SDGsはまさに現代版『大衆のアヘン』である。アヘンに逃げ込むことなく，直視しなくてはならない現実は，私たち人間が地球の在り方を取り返しのつかないほど大きく変えてしまっているということだ」として，脱成長コミュニズムを主張するのである。この点は「このSDGsは目標の数が多すぎて総花的なので，どれかをすれば未来へ向けて前進しているような錯覚になるのですが，SDGsの中で絞らなきゃいけないのは，平和と貧困と気候変動の問題の3つだと思います」（森・大島・高村・原科・宮本・山下・佐無田，2021）という指摘もあり，重要な議論である。

　次に，斎藤よりも明確に次の社会について述べる明日香（2021）についてである。こちらでは「新型コロナウイルスの感染拡大がもたらした経済停滞から

の復興を，気候変動対策と共に進める」というグリーン・リカバリー（緑の復興），「化石燃料産業を中心とする大企業が多額の政治献金で政治家や官僚を動かして，自分たちの短期的な利益のみを求める企業活動には何ら歯止めをかけることなく，格差や分断を容認するような社会システム」の是正というジャスティスの観点，「政府や電力会社からトップダウン的に原発や石炭火力の電気を無理やり使わされるものではなく，個人，家庭，企業が自立して，ボトムアップでエネルギーの消費者と生産者を兼ねることになる」とするエネルギー・デモクラシーを議論する。ここには，「大規模集中・独占・トップダウン型」エネルギー産業社会から，再エネと省エネ（エネルギー効率化），デジタル技術などを活用して自立した個人や地域を主体とする「ボトムアップで分散型」エネルギー産業社会への転換を地方経済の活性化，平和国家の確立とともに主張する。

　明日香（2021）は大規模集中型・トップダウンシステムから分散型・ボトムアップシステムへの転換を明快に提示した。この点は，東電福島原発事故の教訓とも重なり合う。というのも，その教訓として，第 1 に，「集中型電源の集中立地は大規模な電源脱落というリスクを抱えること」（高橋，2016），つまり特定の発電地点でのみ需要への対応を引き受けることを回避すべきだと考えられるからである。この点は残念ながら，2018（平成30）年 9 月北海道胆振地震でも繰り返された。北海道電力苫東厚真火力発電所は北海道地域発電量の 4 割を占め，同発電所の被災によって緊急停止し全域のブラックアウト（295万戸停電，45時間後に復旧）につながったのである。

　なお，第 4 章でも述べたようにだからといって多額の国の資金を使って日本の全国規模の系統整備を行うというのは再考すべきではないだろうか。というのも，今度は債務を後世に抱え込ませるだけでなく，電力融通に依存しすぎるというリスクを抱えることになると考えるからである[1]。

　第 2 に，無計画な「計画停電」の実施に結びつけないことである。「電気が供給されない不便や不安だけでなく，それがいつ発動されるのか，日によって発動時間帯がまちまちであるため，地域住民は日常生活を計画的に送ることができないという不満と苛立ちを感じていたようだ」として，自律分散型エネルギーシステムの導入，地域全体のエネルギーの「見える化」が求められるのである（東浦，2013）。

以上のように，大規模集中・トップダウンシステムから分散型・ボトムアップシステムへの転換は目指すべき目標となる。そして，現在の大規模集中型・トップダウンシステムの中核は紛れもなく原子力発電である。とすると，大規模集中型・トップダウンシステムから分散型・ボトムアップシステムへの転換≒原子力発電開発からの脱却，いわば脱原発が考えられる。それでは，改めて原子力発電開発について考えてみよう。

5.2　原子力発電開発について

5.2.1　東芝とアレバの経営の苦境

2022（令和 4）年 2 月のロシアによるウクライナ侵攻は，化石燃料への投資再開と原子力発電事業の再開発を意識させている。特に日本においては，原子力発電開発は進めるべき選択肢の 1 つとされる。この問題に対しては，原子力発電開発に従事してきた東芝とフランス・アレバを巡る動きから，むしろ「脱原発」は避けられないことが明らかとなる（中瀬，2023a）。

まず，東芝についてである。同社の現在の経営不振にとって同社による PWR メーカー WH 社買収は重要な要因だった。東芝は WH 社の買収によって，従来から携わっていた沸騰水型軽水炉事業に加えて加圧水型軽水炉事業を有するこ

1）この北海道でのブラックアウト時に，唯一，王子製紙千歳水力発電所から電力供給を受けていた支笏温泉地区は被害を受けなかった。もともと新聞用紙生産のために苫小牧に作られた製紙工場に電力供給するために設けられた水力発電所だったが，支笏湖温泉地区にも供給され，北海道電力からはほぼ独立した体制で，周波数も北海道の 50 ヘルツとは異なる 60 ヘルツで，周波数変換装置を介して一部つながっているという。北海道全道がブラックアウト状態でも支笏湖温泉地区には電力が供給され，地震発生から 2 時間程度は停電したもののその後は復旧した。「この地域で胆振東部地震時に電力が供給され続けたことは，さまざまな自然災害時にブラックアウトのリスクを低減させるためには，発電所を分散させることの有用性を物語っている。その際重要なのは，地域内で電力需給バランスをとっていることである。このような電力自給可能な地域を各地に作り，それらをネットワーク化し，局所的な発電装置の停止時に相互に助け合うようなシステムにすることができれば，北海道の電力需給は信頼性の高いものとなるだろう」（全国小水力利用推進協議会，2023，32 頁）。

とで相乗効果を期待した。東芝は，2000年代の世界的な「原発ルネッサンス」による受注増加に期待し，ウラン濃縮会社への資本参加，原子燃料の手配等フロントエンドへの拡張を進めて世界的な原子力サプライチェーンの構築に向かった（布目，2008，田中・村上・吉村，2009）。しかし，東電福島原発事故は，一気にアメリカでの原発開発でも安全基準を厳しくし，そのための設備，資材のコストを膨らませ，建設工期を延伸させた。東芝の買収したWH社の抱えていた原発建設工事は大変な経営的損失へと転化し，減損問題を生み，2000年代に入ってから盛んとなった同社の粉飾決算文化という背景の中[2]，原発事業の問題を明らかにせず，アメリカ政府の意向を踏まえる日本政府の強力な押しも加わって容易に整理することができず，東芝は現在のような大変な苦境に陥ったのである（山崎，2010，醍醐，2017，大鹿，2017）。

次に，フランス・アレバについてである。真下（2017）によると，同社はターンキー方式の原発プラントと再処理まで含んだ核燃料提供をセットにしたトータルサービスとしての原子力を売りこむビジネスモデルで経営的に成功を収めたものの，アレバ前身のフラマトムとシーメンスが共同開発した欧州加圧水型炉EPR建設に関する入札を不当な安さで落札していながら，EPRの技術的問題のため，予定どおりの建設期間，建設費で完成させることができず巨額損失を生むといった乱雑な経営を行った。アレバは1兆円を超える累積赤字を抱えて経営破綻したがフランス政府による救済策が計画されるものの見通しは明るくない。

東電福島原発事故により，安全性を高めるために，EPRの建設コストは大幅に膨んで工事を難航させ，工期を遅らせ，費用を膨らませたのである。かつ

---

2) 東芝は，2004（平成16）年9月よりのパソコン事業（青梅工場）における「バイセル取引」（安く調達した部品を各台湾メーカーに売り（セル），彼らに組み立ててもらって完成品のパソコンになったあかつきには東芝が買い戻す（バイ）という部品・完成品取引）において実際の取引を反映しなかったり，2008（平成20）年度からの本格的な映像部門における「キャリーオーバー」（本来は計上できない収益を計上したり，計上しなければならない経費の計上を先送りしたりして一時的に利益が出ているように見せかける手口）を実施したり，表面上の損益操作の「ミスマッチ」（グループ会社間の取引における，互いの収益と費用の計上時期をずらすこと）を行っていた（大鹿，2017）。

て 1 基数千億円といわれた原発はついに 1 兆円超の時代を迎えて採算性は厳しくなっている。

5.2.2　従来の原子力発電開発について

　それでは，東芝が目指したような世界的な原子力サプライチェーンの構築ではなく，従来進めてきた軽水炉事業に留めるならば可能だろうか。前述したように，原発は「過酷事故等の危険性」が免れない以上，その開発は地域社会を推進派と反対派に分断してしまうこと，原発関連の多額の資金が地域社会に流れ込み，原発に対する地域社会の経済的，心理的な依存体質を生み，「自立」できない，「自立」しないまちを構造的に作ってしまう。後述の長崎県五島市，奈良県生駒市，岩手県紫波町という循環型まちづくりを目指す市町村は，当該市町村外へと流出する電力料をいかに留めるのかを模索して，自立して主体的に活動している（中瀬，2017）。地域社会を挙げて地域再生，地域創生を進めていくことが求められている現代には，取り組むべき事業とは言えないのである。

　加えて，柳田（2014）は「原発事故は影響が広範かつ長期にわたる深刻さを持つという点で，ほかのどのような事故とも違う特異性がある。そういう重大な結果をもたらす放射能の問題について，住民に十分な説明をしないまま原発を運転させてきたところに，国策と業界の欺瞞がある」という。東電福島原発事故後の福島北部地域で進められている再生可能エネルギーの開発についてまとめられた池尾（2023）には，東電福島原発事故に関連した怨嗟の声が掲載されている。「原発が安全だなんてさんざん言っておいて，この有様は何だよ，東電。このやろう！全部ウソだったじゃないか！」（46頁），「これだけの難民を生み，還れる見込みが全く立たないんだ。もう福島が原発と一緒に暮らすことはありえない」（85頁），「飯舘村の人間はこんな思いをしてて，それでも国は原発やり続けるって言うんでしょう…東電の原発が爆発したって何にも思わないのかな」（188頁），「あの事故で東北がどれだけめちゃくちゃにされたのか，もう忘れたのか。もう一回原発事故が起きたら，今度こそ東北は終わりだ。いや日本だって終わりだ。そのリスクの大きさを分かっているのか！」（246頁）。

　吉岡（2011）が強調した，原子力発電所事故の有する過酷事故という異質の危険性がもたらした現実である。大規模集中型・トップダウンシステムからの

転換，そして脱原発を目指すのは必須なのである。

5.3　再生可能エネルギー先進国ドイツのモデル

　それでは，どのような分散型・ボトムアップシステムを構築すればいいのだろうか。まずは，できるだけ需要現場（需要者に近いところ）での需給一致の達成を図ることであろう。山岸（2016）が指摘するように，地域ごとに異なる多様なエネルギー消費構造への適切な対応には，「より現場に近く，実態を知りえる主体が対策を講じる方が，効果的な対策を講じえる」ものであり，金森（2016）が明快に整理したように，「集中的な変動性再エネ」の導入と「高い割合で分散している変動性再エネ」の導入のうち，後者の導入が重要であり，「スマートグリッドという技術によって，電力網の需給バランスの最適化調整が自動におこなわれたり，適時性のある価格づけがおこなわれたりする。これまでのように顧客が一方向的に電力会社に決められた電力料金を支払うのではなく，いつ・どれだけ・どのように・いくらで電力を消費するのかを決定し，またその情報が電力会社にも届けられ，双方向的に電力を制御する」いう「顧客サイドのビジネスモデル」が目指されるべきなのである。

　こうした分散型・ボトムアップシステムとしては，再生可能エネルギー先進国のドイツモデルが参照される（中瀬，2019）。

5.3.1　ドイツモデル・シュタットベルケについて

　そのドイツ電気事業モデルの1つが，ドイツの地域密着型のエネルギー事業を中心に運営する都市公社「シュタットベルケ」である。「現在，ドイツでは約900のシュタットベルケが電力，ガス，熱供給といったエネルギー事業を中心に，上下水道，公共交通，廃棄物処理，公共施設の維持管理など，市民生活に密着したきわめて広範なインフラサービスを提供している。シュタットベルケは，これらのサービス提供を可能にするため，インフラの建設と維持管理を手がける，独立採算制の公益的事業体である。電力では自治体が所有する配電網を利用して配電事業，電力小売事業，そして発電事業を手がけている。これらエネルギー事業の収益はたいてい黒字であり，その経営状況は良好である。エ

ネルギー事業で稼いだ収益を元手に，他の公益的事業に再投資するのが，ドイツのシュタットベルケの特徴である。」（諸富，2018，167頁）。

そして，「ドイツのシュタットベルケは，今なおその伝統を引き継いで，自治体に強固な財政基盤を提供することに成功している。これは，自治体公益事業の持続可能性を担保しているほか，地域経済循環を促す作用を持ち，さらに，自治体がエネルギー事業体を通じて独自のエネルギー政策や温暖化対策を実行する手段を提供している」（諸富，2018，177頁）ものだとしてその導入を推奨している[3]。

大変興味深い事例ではあるが，シュタットベルケのあげる利益の活用が議論の中心となっており，どのように収益をあげているのかについてはあまり議論されていない。

それでは，どのような要因がドイツにおいてシュタットベルケの経営を安定させているだろうか。それは，第 1 に，大手電力会社からの資本を受け入れたり，卸供給を受けることやお互いの供給区域内では積極的な顧客獲得活動を控えるなどして，大手電力との競争を回避していること，第 2 に，多くのシュタットベルケは当該自治体から供給独占を認められ，自ら配電線を所有して配電事業を行うことで安定した収益を確保していること，が要因である（石黒，2017）。

電力自由化が行われた日本において，日本の自治体による新電力等がドイツのシュタットベルケのような経営行動をとるには自ら配電線を所有し，独占的に電気を供給することが必要となろう[4]。

3）　現在の日本でもいくつかの地域において日本版シュタットベルケが始められている。例えば，2015（平成27）年 3 月に設立された福岡県みやま市のみやまスマートエネルギー株式会社である。その考えは，「再生可能エネルギーを自分たちでつくり，それを地域で使い，収益は市民サービスとして還元する。地域の中にキャッシュをとどめることで経済を循環させ，雇用を生み，暮らしたくなるまちをつくっていく。『エネルギーの地産地消都市みやま』の構想はこのように生まれてきたところです…事業会社は産官学金が知恵と資金を出し合い，地域に賦存する太陽光発電を買い取って地域に還元する地産地消の地域新発電力事業に加えて，自治体ならではの住民を対象とした生活支援サービス事業をタブレットなどのITツールを駆使ながらスタートしています。」（渡邉，2018，26頁）という。ただ同社は創業時の代表者に対して特別背任疑惑が起こされて辞任するという混乱を経験している。

5.3.2 配電事業のICT化

　実はシュタットベルケは再生可能エネルギーの開発の先駆者として考えられるものの，現実に再生可能エネルギーの割合が多いわけではない。「再エネ発電事業の位置づけはSW（筆者注：シュタットベルケのこと）ごとに異なり，主に火力発電を行い総設備容量に占める再エネ電源の割合は1割程度しかないところもある。SW全体として見た場合，コジェネとその他の汽力発電が全体の8割超を占め，再エネが占める割合は15.6％に過ぎない。」（石黒，2017，55頁）という。つまり，シュタットベルケを設けたからといって再生可能エネルギーの導入が進むわけではないのである。

　ドイツにおける再生可能エネルギーの導入についてはシュタットベルケの設置ではなく，配電事業のICT化に基づく「配電へのパラダイムシフト」という「これまでのトップダウン（集中型）の電力供給システムから，配電中心のボトムアップ（分散型）構造への転換」（山田，2015）が重要だと考えられる。この点は，ドイツを含めたEUとして，再生可能エネルギーの開発と併行に配電事業への資本投資を行って再生可能エネルギーを取り込むことで実現されている。

　ドイツでは「太陽光発電のほとんどはLV（低圧），MV（中圧）に接続され，風力はLV（低圧）～EHV（超高圧）に接続されている。太陽光発電は，全てDSO（筆者注；配電系統運用者，Distribution System Operatorのこと）に接続され，風力も大半はDSOに接続されるが，風力は大規模なものはTSO（筆

4）　福岡県みやま市，宮城県東松島市の自治体新電力では，自営線を引こうとする計画がある（磯部，2016，Next Report 2015）。なお，電力自由化後に設立された「新電力」の電力調達先は10電力会社等大手電力会社からの常時バックアップ，日本卸電力取引所（JPEX）を軸に自社電源や契約電源としてFIT電源を組み合わせるものとなっている（Next Report 2016）。自治体新電力の1つである泉佐野電力の2016（平成28）年度電源構成比率については，太陽光発電20％，関西電力からの常時バックアップ契約28％，JEPX56％，関電への託送4％となっていた。それが2022（令和4）年度には太陽光発電16％，関西電力からの常時バックアップ契約24％，大阪ガスからの卸電力にて30％，JEPX他で30％となっており，当初から関西電力送配電株式会社と託送供給約款に基づく接続供給契約を締結している（泉佐野電力HP「事業報告」）。

者注：送電系統運用者，Transmission System Operatorのこと）に接続される
ものもあるという状態である。TSOのレポートには，下位のグリッドからの
Negative Vertical Load（筆者注；配電網から送電網への昇圧・逆潮流のこと）
の状況が公表されており，DSOに接続された再生可能エネルギーの電力がTSO
に持ち上げられ，全国流通している状況となっている」（内藤，2018，117-118
頁）のである。つまり，再生可能エネルギーを発生地点だけで消化しようとい
う単純な地産地消モデルではないのである。

　この点は日本でもノンファーム型接続（系統混雑発生時に発電出力を制御す
ることを条件に電源の系統への接続を認める制度），間接オークション（JEPX
スポット市場において連系線を介した取引が成立した事業者に対して自動的に
連系線の利用権が付与される制度）が導入されるなど推進される方向にある。

　この結果，ドイツでは，**図表 5 - 1** にみられるとおり，太陽光発電の導入で
ピークが日中から朝方，夕刻へとシフトした[5]。

　以上のように，ドイツでは「グリッドは配電システムから集電システムに変
わった」と性格の変化が述べられており，それに合わせてドイツでは再生可能
エネルギーの導入拡大を大前提として送配電システム自体も大幅に「進化」し
ている（内藤，2018，119頁）。

　そもそも，EUがこのような再生可能エネルギーを中心としたエネルギーシ
ステムの転換へと進んだのは，世界的なエネルギー資源の減少と需要の増加で
化石燃料価格の高騰につながって持続可能な成長を見込めないこと，そして気
候変動への喫緊な対応が必要であることから，戦略的に行動してきたのである
（内藤，2018）。

5）　日本でも需給バランス制約による出力制御が検討される事態を迎えており，その際は優
　　先給電ルールに基づいて需給バランスの維持が図られることになっている。そのルールで
　　は，発電量がエリアの需要量を上回る場合には，まず火力発電の出力抑制を行い，揚水発
　　電のくみ上げ運転による需要を創出し，次に地域間連系線を活用した他エリアへの送電を
　　行い，それでも発電量が需要量を上回る場合にはバイオマス発電の出力を制御し，その後
　　太陽光発電，風力発電の出力制御へと続き，それでも制御が必要な場合には「長期固定電
　　源」とされる水力・原子力・地熱を制御する（資源エネルギー庁HP「なるほど！グリッ
　　ド」）。

図表 5 - 1　ドイツにおける太陽光発電導入と太陽光を除く発電の負荷曲線

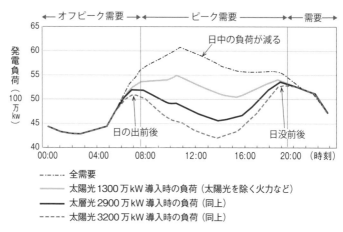

(出所) 山田 (2015) 31頁。
(原典) エーオン

　現在のドイツの電気事業のあり方は「3 D+S」という用語で表わされる。3 D とは「脱炭素化 (Decarbonization)」,「分散化 (Decentralization)」,「デジタル化 (Digitalization)」の頭文字をとったもので, これにガス・熱部門, モビリティ部門との間でインフラ, 技術を共有するなど「部門結合 (Sector coupling)」が加わるという (佐藤, 2018)。

　第 4 章で述べたように, 日本でも電力システム改革, GX推進計画のもとで再生可能エネルギーの主力電源化と全国規模の系統整備が目指され, バーチャルパワープラント (VPP：Virtual Power Plant) に携わるアグリゲーターの働きが検討され, 注目されている。

　ただし, そのスタンスの具体的イメージは「より高度な 3 E＋S」だという。この「3 E+S」の「3 E」とは,「エネルギーの安定供給 (Energy Security), 経済効率性 (Economic Efficiency), 環境への適合 (Environment)」の重視のことで, 東電福島原発事故前に推進していた, 第 2 章で述べた, 従来の電力ベストミックス体制を指す用語であった。これは原発を中心にLNG火力, 石炭火力をベースに, 火力をミドルに, 揚水, 火力 (コンバインドサイクル方式) をピークに活用するものだった。この「3 E」に, 東電福島原発事故後に「安全性

（Safety）」が加えられて，4つのバランスを図るとされた。

　こうした日本のあり方に対し，明らかに，日本は既存の集中型システムに執着しているのに対し，ドイツの方が再生可能エネルギーの導入，「脱炭素」の方向に野心的に挑戦していると言えよう。

　バーチャルパワープラント（VPP：Virtual Power Plant）に携わるアグリゲーターに加えて，傘木（2021）は，再生可能エネルギー開発を進めるにあたり，事業の効果や周囲への影響を事前に調査し，見積もり，対策案を検討するアセスメントの重要性を強調し，そのアセスメントには科学的な調査だけでなく，利害関係者，とりわけ事業が実施される地域の住民等が保有する情報（歴史的に培ってきたこだわりや事業に伴う不安など）も含められるという。このような環境コミュニケーションが重要であり，当該地域における利害関係者との「対話」を容易にし，相互理解を促し，「理解」を進めることで必要な対策などの「行動」の検討を容易にするという3つの段階を司るファシリテーターという地域を担う存在の育成と活動の保証が必要だとする。

　日経エネルギーNext電力研究会（2022）によると，実は日本卸売電力取引所（JEPX）スポット市場における約定価格のつき方は太陽光発電の増加に伴って，⑴ダック型カーブ：夕刻，太陽光の電力供給量が落ちていく中で帰宅ラッシュ，帰宅後の点灯や夕食準備による電力需要の立ち上がりに対応して後追い的に補助すべき火力発電や水力発電が立ち上がるタイミングに現れるアヒルのような形状のカーブが，⑵ツインタワー型カーブ：夕刻の価格上昇に加え，冬場の朝方，家庭やオフィスで暖房，家電，オフィス機器の立ち上げで高まる電力需要の影響で価格が上昇することで尖塔が2つ現れるものも登場し，⑵がいっそう尖がって，⑶バンザイカーブ型カーブ：太陽光をはじめとする再生可能エネルギーと火力発電との運転切り替えがスムーズでない朝夕に，電力需要の急増や供給力確保が困難な際に形成される，両腕を挙げる「バンザイ」の姿にちなんだものや，⑷凸型カーブ：日中は太陽光発電の発電量が豊富なため市場価格は安いのに対し，夜間は燃料価格高騰で需要が小さくても高い価格をつける「凸型」のものが登場しており，こうした現場の状況に対応したビジネスが期待できるという。火力発電の扱いが注目される。

　日本でも新たな動きがみられており，今後，状況に応じて一層進めていくべ

き課題であろう。

5.4 公益性と他の公共性との衝突

　とはいえ，集中型システムに対して，高橋（2016）が言う「分散型電力システムでは，各地の小さな発電所を結びネットワークは物理的にも機能的にもメッシュ状に近づく。広域運用が当たり前になれば，地域間あるいは国家間の壁が取り払われていく。分断されていた複数のネットワークは一体化するとともに，新たな送電網が建設されてネットワークは密になる。電力のやり取りは旧来の地域を越え，また様々な地点で発電が行われるため逆潮流も日常化する。こうして管理と被管理の上下関係は曖昧化していく」といったメッシュ状となるような再生可能エネルギー電源の分散につながる開発を強調するが，とても追求はできないと考える。

　なぜなら，第 1 章で述べたように，火力発電，水力発電，原子力発電の開発にみられた「公益性と他の公共性との衝突」という郷土と電気の関係は，第 1 章でも述べたように再生可能エネルギー開発においても当てはまるからである。つまり，電気は需要家，消費者にとっては日常生活の必需財＝公益財である一

図表 5 - 2　陸上風力発電の建設を計画する京丹後市の山並み

（出所）筆者撮影（2023年10月20日）。

方，地域社会にとっては公害問題，環境問題の対象として登場してきたものであることから，いわば公益性と他の公共性，社会性との衝突となるのである（中瀬，2020）。

　改めて，太陽光発電は自然景観・環境保全で地域と対立し，風力発電は低周波騒音，シャドウフリッカー，景観で地域と対立するのである。長野県諏訪市霧ヶ峰におけるLooopによる計画，投機対象としての非住宅事業用太陽光発電の設置によって，現実に兵庫県姫路市，熊本県南関町，鹿児島県姶良市において土砂災害が起こってしまい大変な問題となっている（鈴木，2023）。

　風力発電については，十和田八幡平公園八甲田山における，ユーラスエナジーホールディングスによる「みちのく風力発電事業」，三重県松阪市から大台町にかけての「三重県松阪蓮ウインドファーム発電所」という問題の例がある。

　著者は丹後半島における陸上風力発電開発を伝えた浦島（2023）に接して京丹後市における陸上風力発電問題について詳しく知りたいと思い，現地調査を行った（2023年8月，10月）。

　その調査によると（中瀬，2023b），まず2021（令和3）年5月に，京丹後市は陸上風力発電を計画した事業者からの申し出を建設予定地域の住民側に「伝達」してきた。すぐに住民側はそうした京丹後市の姿勢が第三者的な「仲介者」であるとして，その姿勢に疑問をいだき，京丹後市議会，京丹後市長に対して，京丹後市独自の指針や関与を明確にして主体的に対応することを求めるとともに，あわせて京丹後市美しいふるさとづくり条例に従って審議することを求めた。

　京丹後市はこうした住民側の求めに応じ，2021（令和3）年9月に風力発電に関わる市庁内連絡会議を設けて体制を整え，同年10月から11月にかけて京丹後市，陸上風力発電建設予定地の住民側，事業者の間で懇談会を設けて環境アセスメント制度，配慮書，事業概要及びスケジュールについて情報共有し，住民説明会の設定等を意見交換した。

　そして，2021（令和3）年11月11日に第1回目の京丹後市美しいふるさとづくり審議会が開催され，陸上風力発電開発予定地の住民に対して事業説明会が行われ，同年12月に京丹後市生活環境課，事業者，住民側との間で配慮書広告・縦覧に向けての協議が行われて計画段階環境配慮書が受理されて2022（令

和4）年1月半ばまで縦覧された。この間，住民側からの求めに応じて事業者は配慮書あらまし版（「（仮称）丹後半島第二風力発電事業に係る計画段階配慮書のあらまし」）を作成して全戸に配布して事業を周知し，同年12月21日に第2回京丹後市美しいふるさとづくり審議会が開催されるとともに，審議会当日の午前中に，審議会メンバーによる陸上風力発電建設予定地への視察がなされ，住民側から当該建設予定地におけるこれまでに見舞われた災害についての説明を受けた。

他方で，住民側は個人の立場で「丹後の自然と暮らしを守る会」にも参加して京丹後市長に対して，大規模な風力発電所の中止を求める1,303筆の署名を提出した。

2022（令和4）年1月11日に第3回京丹後市美しいふるさとづくり審議会が開催され，住民側が計画段階環境配慮書への意見を陳述し同年1月17日に京丹後市美しいふるさとづくり審議会は京丹後市長に答申書を提出した。

本答申書ではこれまでの審議，現地視察を踏まえて，依遅ヶ尾山一帯（15基），宮津市日ケ谷−伊根町菅野一帯（12基）で計画される風力発電に関して，「大型の風力発電機の設置，大規模な土地の造成及び取付道路の建設等の工事の実施並びに発電所の稼働により地域環境に重大かつ不可逆的な影響を及ぼす可能性があるが，計画段階環境配慮書における調査・予測及び評価には具体性がなく，特に，水環境など丹後半島の地形・地質の特性に配慮した内容となっていないなど全般的に不十分である。現時点において，遺漏のない文献調査を行うとともに，動植物，文化・歴史，災害等の地域事情に詳しい専門家や地域住民等からの聞き取り等の方法により，文献のみからでは把握できない情報等を収集し，丹後地方の気候風土等の地域特性を現地で確認し，十分理解した上で調査・予測及び評価を行うこと。」と記し，「現時点及び今後の調査のプロセスやその結果において，健康，生活環境，自然環境，生物多様性，景観及び災害等への重大な影響を回避できず市民等の懸念が払拭されない場合は，事業の中止や事業規模の縮小を含め，必要な事業計画の見直しを行うこと。」とした。

京丹後市長は京丹後市美しいふるさとづくり審議会からの答申書を修正することなく，そのまま京都府知事に意見書として提出した。ほぼ同じ時期に「丹後の自然と暮らしを守る会」は京都府知事に対し，今回の風力発電の中止を求

める要望書（署名2,001筆）を提出した。こうした中で，2022（令和4）年1月31日から，京都府環境影響評価専門委員会が開催されて審議された。

2022（令和4）年2月に「丹後の自然と暮らしを守る会」は環境大臣，経済産業大臣に丹後半島で計画されている陸上風力発電計画の建設中止を求める要望書を提出し，経済産業省は2021（令和3）年12月9日計画段階環境配慮書を受理し，2022（令和4）年2月25日環境大臣意見を受理し，同年3月8日当該事業者に対して経済産業大臣意見を表明した。

その意見書（経済産業省商務情報政策局産業保安グループ，2022）には，対象事業実施区域等の設定に当たっては，「現地調査を含めた必要な情報の収集及び把握を適切に行い，計画段階配慮事項に係る環境配慮の重大性の程度を整理し，事業計画等に反映させること」，環境保全措置の検討については，「環境配慮の回避・低減を優先的に検討し，代償措置を優先的に検討することがないようにすること」とし，事業計画の見直しについては，「本事業の実施による重大な影響を回避又は十分に低減できない場合は，風力発電設備等の配置等の再検討，対象事業実施区域の見直し及び基数の削減を含む，事業計画の大幅な見直しを行うこと」と記され，関係機関等との連携及び地域住民等への説明については，本事業の事業実施想定区域及びその周辺には「山地災害危険地区調査要領」に基づく山腹崩壊危険地区等が位置することから，「本事業計画の今後の検討に当たっては，地元の地方公共団体を含む関係機関等との協議・調整を十分に行い，方法書以降の環境影響評価手続を実施すること。また地域住民等への説明や意見の聴取を丁寧かつ十分に行うこと」とされた。

同日京都府環境影響評価専門委員会は京都府知事に対し意見書を提出し，2022（令和4）年3月9日京都府知事は当該事業者に対して意見書を提出した。

その後，同年6月15日には風力発電建設予定地域の住民側は，京丹後市美しいふるさとづくり審議会に対し，京丹後市の山林が風化しやすい花崗岩で形成され，大規模な開発が土石流を招く可能性があることから，当審議会アドバイザーに土木工学の専門家を加えることを要望した。

以上のように，京丹後市では住民側が主体的に取り組み，京丹後市の行政，議会も積極的に対応することで，現在のところ大変な問題にまでは発展していない。脱炭素社会にもっとも適合的だとして再生可能エネルギーの開発を進める

ことは重要ではあるが，実際の開発が地域社会に対してどのような影響を与えるのかを，京丹後市のように，現場の関係者によって具体的に調査し，吟味することが求められるのである。

5.5 具体的な地域社会と進める再生可能エネルギー開発の例

　それでは，具体的には地域社会とともに，どのようにして再生可能エネルギー開発を進めればいいだろうか。具体的に推進されている地域において確認する。以下に，中瀬（2023a）8-10頁に記した3つの調査を述べる。

　第1に，長崎県五島市における浮体式洋上風力発電開発についてである。こちらは，2012（平成24）年5月より椛島沖にて，環境省による小規模試験機「とき」100kW（全長74m，喫水37m，翼直径37m）が設置・運転され，2013（平成25）年5月より実証機「はえんかぜ」2000kW（全長172m，喫水76m，翼直径80m）へと規模を拡大して設置，運転された。2015（平成27）年には実証事業の終了，発電設備の撤去の予定であったが，地域の産業振興への好影響や浮体表面に海藻が付着して漁礁の役割を果すなど風力発電施設そのものにプラス面が見られたことから（漁業協調型であることを証明），**図表5-3**にあるとおり，五島市役所，漁協関係者の努力で福江島崎山沖へと移設され，新たに五島市と五島フローティングウィンドパワー合同会社（戸田建設100％子会社）により商用運転として継続され，事業拡大が予定されている（石田，2018）。いわば，漁業者，事業者，地域住民との間でコンセンサスが図られ，地域再生の対象としての市民風車として模索されている（迫田・佐々木・山崎・コン・濱崎，2016）。

　しかも，環境省による浮体式洋上風力発電事業の実施中の2014（平成26）年に五島市再生可能エネルギー推進協議会の発足を受け，2016（平成28）年には福江商工会議所が五島市再生可能エネルギー産業育成研究会を設立して，五島市における浮体式洋上風力発電施設の製造，資材の提供，メンテナンスなどの地元参入による再生可能エネルギー産業の発展と電力の地産地消により，島外への電力料の流出を防ぎ，島内還流による経済活性化を目指して2018（平成30）年に五島市民電力株式会社が設立された。五島市は2020（令和2）年には

図表 5-3　長崎県五島市の浮体式洋上風力発電の位置と風車

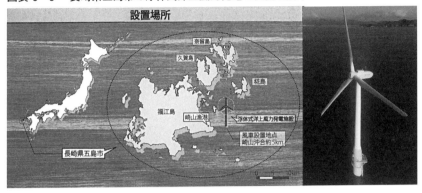

（出所）戸田建設（2019）。

ゼロカーボンシティ宣言を行い，同年における五島市の再生可能エネルギーによる電力自給率は56％に至っており，現在建設中の洋上風車 8 基が完成すれば電力自給率は80％となる予定である。文字どおり，「再生可能エネルギーの島」としての地域づくりと活性化を目指している。

　実は，このように現在の浮体式洋上風力発電事業の発展，再生可能エネルギーの島としての発展にあたっては，中心的に活動された関係者によると，これまで計画されてきた五島における国家石油備蓄基地の建設が種々の事情で期待したとおりに推進されなかったとの後悔が影響しているという。関係者の多くの苦労が結実している。

　第 2 に，奈良県生駒市における再生可能エネルギーの開発についてである。生駒市には主婦層，ビジネススキルを有する会社退職者（アクティブシニア）の参画意欲が高いという背景のもと（市内太陽光発電システム普及率の高さ，マイバック持参率の高さなど「市民力」の高さ），環境モデル都市に応募したところ，2014（平成26）年 3 月に選定された（Spaceship Earth, 2022）。その後一層進められ，全国の住宅都市における先進モデルとなるべく，多様な主体と連携しながら「市民・事業者・行政の協創で築く低炭素“循環”型住宅都市」を目指して，2017（平成29）年にいこま市民パワー株式会社が設立された。出資割合は，生駒市51％，生駒商工会議所24％，TJ グループホールディングス株式会社12％，一般社団法人生駒 8 ％，株式会社南都銀行 5 ％となっており，市民エ

図表 5-4　奈良県生駒市の再生可能エネルギーの様子

【電力調達】 再生可能エネルギー電源を最優先

・公共施設の再エネ（太陽光・小水力）と木質バイオマス電源を活用⇒再エネ比率 約21.5%

		調達実績（MWh）						
		H29	H30	R1	R2	R3	R4（計画）	R5（計画）
太陽光	市所有（6施設） 市民共同発電所（5基）	57	472	560	573	622	640	640
	家庭の卒FIT	－	－	－	－	－	－	3.78
小水力		94	355	347	339	342	350	350
木質バイオマス（㈱GP大原）		－	－	1958	1962	2027	2098	2098
バックアップ電力（卸調達）		4067	27649	24636	24850	26704	29309	12657
合　計		4218	28476	27503	27724	29695	32397	16123

南こども園の太陽光発電　　　上水道の小水力発電　　　木質バイオマス発電

（出所）生駒市SDGs推進課（2023）15頁。

ネルギー生駒[6]という市民団体が出資するという全国初の新電力会社である。再生可能エネルギーの活用とまちづくり会社としての活動が期待されている。

　図表5-4にあるとおり，生駒市では再生可能エネルギーを中心に調達しようとしており，自社電源は2021（令和3）年時点で10％程度[7]となっている（生駒市SDGs推進課，2023）。生駒市においても，市外へと流出する電力料を

6）市民エネルギー生駒とは，ECO-net生駒（現「エコネットいこま」）のエネルギー環境部会が母体となって結成された組織で，エコネットいこまは「市民・団体・事業者が行政と協働でいこまの環境活動を推進するためのつなぎ役となり，生駒市のめざす環境づくりをすすめていきます」（エコネットいこまHP）という組織である。

7）電力調達先にあがっている「木質バイオマス・（株）グリーンパワー大東」とは，いこま市民パワー株式会社に出資している「木質資源の地産地消」を事業目的に掲げているTJグループホールディングス株式会社の関係会社である（グリーンパワー大東HP）。

できる限り市内に留めて，地域内循環で生かせるようにと工夫している。

　なお，生駒市では，2018～2020（平成30～令和 2 ）年度にかけて 3 回にわたって住民より，このいこま市民パワーから随意契約で電力調達することは違法だとして住民監査請求が行われた。 3 回目の請求においても，政策遂行上，市がいこま市民パワーから優先的に電力を購入する必要があるから，「直ちに違法又は不当であるということはできない」と退けられ，結果を不服とする住民により行政訴訟が提起された。前 2 回の訴訟は上告が棄却され，生駒市の主張を全面的に認める判決が確定している[8]。

　第 3 に，千葉商科大学で取り組まれる「RE100%」の試みについてである。2000（平成12）年以来の学内における環境配慮のカルチャーの影響のもと，2014（平成26）年 4 月，**図表 5 - 5** にあるように，学内野田発電所の発電が開始された。SDGs12である Responsible Consumption and Production というエネルギーを「つかう責任，つくる責任」の実現に向けた動きであった（原科，2022b）。

　2019（平成31）年 1 月には，電力について，ネットで日本発の自然エネルギー100％大学を達成した。こちらは同大学が使用する電力量に相当する電力すべてを，同大学で発電した自然エネルギーによって賄ったことを意味し，上

---

8)　2020（令和 2 ）年10月に提出された監査請求に対して，生駒市監査委員からは，生駒市は2014（平成26）年に「環境モデル都市」として選定され，2015（平成27）年 1 月に「日本一環境にやさしく住みやすいまち」を目指して生駒市環境モデル都市アクションプランを策定し，生駒市としての政策実現の中核組織として「いこま市民パワーが地域エネルギー会社として持続的に活動していくには，一定の事業規模を確保することが求められることから，政策を主体的に遂行する生駒市が同社から優先的に電力を購入することが必要であると認められる。したがって，生駒市の政策を遂行するために設立したいこま市民パワーと電力購入に係る随意契約を締結することは，不当に高額な電力購入が継続されるなど随意契約の内容が明らかに違法又は不当であるとか，政策・施策が明らかに不合理であると認められるような場合を除き，直ちに違法又は不当であるということはできないと考える」と判断されて棄却された。ただし，監査委員の「意見」として「生駒市としては，政策の有効性，実効性の証明責任は，市民にあるのではなく，政策を立案し実行する生駒市側にあることを自覚し，いこま市民パワーからの電力購入価格の妥当性の検証を常に行うとともに，市民の判断に資するそれらの情報を積極的に公表すべきである。」が表明されている（生駒市監査委員，2020）。

（出所）千葉商科大学HP。

述の電力の「つくる責任」を果してRE100_productionだという。さらに，同（令和元）年11月には電力調達においても自然エネルギー100%を達成し，自然エネルギーによる電力の「つかう責任」を果しており，通常のRE100であり，RE100_consumptionだとする（原科，2022a）。

　現在は第2段階の使用する「電気＋ガス」を再生可能エネルギー100％で賄うことを目標に，2020（令和2）年6月に実測上はこれも達成し，2021（令和3）年夏の時点でも達成している。ただし，コロナ禍のもとの異常事態での結果であることから，改めてコロナ禍沈静化後の新しい日常のもとで目標達成を評価することにしている（原科，2022b）。

　同大学は以上のように着実にRE100を進めている。前述のように，同大学はハードウェア，ソフトウェア，ハートウェアのもとで再生可能エネルギー100％の事業を進めてきて，同大学の試みから，脱炭素社会とはまさに消費する現場における「電気＋ガス」を再生可能エネルギー100％にて達成すること，つまり，消費エネルギー量を再生可能エネルギーによる発電量ですべて賄う再生可能エネルギー社会であることを明確に示すのである。

5.6　目指すべき日本の電力システムのあり方

　電力自由化の開始以降の，以上の具体的なあり方に明らかなように，第4章で述べたように，現在，経済産業省が意図するような，発送配電を分離し，管

理のために次々と市場をつくり，それら市場をモジュール的に組み合わせるあり方を固定する，硬直的なパラダイムではなく，また 3 E+S（Energy Security, Economic Efficiency, Environment + Safety）といった「上からの電力政策」に依拠したものでもなく，現場から離れて市場メカニズム，メリットオーダーシステムに依拠するようなバーチャルな「自由化」ではないシステムが望まれるのである。

　つまり，電気事業再編成において重視され，かつての日本の電力システムが有していたように，公益事業一般のように，原則として，「現場にいる」電力供給主体が，受益者負担により自ら独立採算制度で事業活動の継続性を向上させ，その経営が健全かどうかをチェックできる制度設計を必要とするものではないだろうか。

　活動範囲は，現在の広域機関は重要だが，山口・次世代系統懇話会（2023）が示した基幹系統と需要地系統という 2 つの階層のように，第 1 に，いきなり日本全国を対象するのではなく，一般送配電事業者が残されたように，電力経済圏を 1 つの基盤レベルとすること（だからこそかつての10電力会社は重要な存在と考えられる），第 2 に，それよりも低いレベルとしては，自治体新電力等の新電力の活動に加え，前述のように，現在設けられているバーチャルパワープラント（VPP：Virtual Power Plant）に携わるアグリゲーター，傘木（2021）が推奨する環境コミュニケーションを司るファシリテーターといった地域を担う存在の育成と活動の保証が重要となる。現場視点に立った，多様な事業者が自由に企業活動，事業活動を行うあり方が求められるのである。

　なお，現在でも取り組まれているが，事業者をして，いかにすれば供給力を増加させうるかを検討する必要があろう。以前のシステムでは総括原価制度に基づくあり方が供給力増加を担保してきたこと，何よりも自らの顧客需要を当座の供給力と比較して自律的に開発してきたことから，例えばインバランスが生じた際の送配電事業者による同時同量の達成というあり方[9]についても再考

9）　発電事業者と協力しつつも，小売電気事業者がインバランスの責任を負う必要があるのではないだろうか。顧客と対峙するのは小売電気事業者だからである。他の財・サービスでは事業者が直接顧客と対峙している。

が必要ではないだろうか。

　いずれにしても，反「自由化」，反原発・反脱炭素ではない。第4章で明らかとなった火力発電問題も残されている。そこで，吉岡（2012）がかつて「脱原発」とは他の電源を準備して「寿命」の訪れた原発を順に廃炉していくのと同じように，漸進的に，脱「自由化」，脱原発・脱炭素を目指す電力システムを現場で模索し，構築していくものである。

　こうしてみると，従来の公益事業の姿よりも，一層地域に密着する公益事業の姿がイメージされる。そして，京丹後市で示される行政と住民の関わり方から，今後の電気事業は第1章で述べた，小坂（2005）の提示した，関係者間の合意のもとで進む「固定的導体（電線，ガス管，水道管，鉄道など）を媒体とした『生産者と消費者の直接的地域社会』」が自治体（行政）等地域機関のバックアップのもとで成立するものではないだろうか。

あ と が き

　さて，2023年夏は，筆者にとって還暦を迎える直前の時期に当たり，誕生月の9月いっぱいまでかなり暑かった。国連事務総長グテーレス氏が「もはや地球沸騰化の時代だ」と仰ったのもうなづけた。そうした暑い夏に，少々バテながら本書の仕上げにとりかかっていたが，本書は実はいくつかの偶然が重なった成果である。

　というのは，第1に，本書は2022（令和4）年9月にZoom開催された日本経営学会全国大会での筆者の報告を聴講された中央経済社酒井隆氏からのお声がけから始まったからである。第2に，その日本経営学会全国大会での報告は，プログラム委員会からの，「脱炭素社会」に関する報告依頼であり，恐らくプログラム委員会の先生方は，筆者の大阪公立大学での同僚でもある田口直樹先生とともに共編著で刊行した共同研究の成果でもある『環境統合型生産システムと地域創生』という書籍にご注目いただいたからであろうが，企業経営の過去を扱う経営史を専門とする筆者からすると，日本の将来に関わるこの共同研究の仕事は，未知の世界であり自らでは扱おうと思わないテーマだったからである。

　偶然の重なった本書ではあるが，日本の電気事業経営史を学んできた筆者からすると，いつか単著としてまとめたいとの希望も持っていた。何よりも，2011（平成23）年3月11日の東日本大震災の際に起こった東京電力福島第一原子力発電所事故を「肌で」感じ，その論文を書いていたこと，その後の日本の電気事業経営，電力システムはどのように展開していくのかについて，たいへん関心をいただいていたこと，からでもあった。この東日本大震災に関して，筆者の親戚，家族，友人は何とか無事に元気で過ごし，筆者も被災したわけではなかったが，あの「午後2時46分」の揺れを，大阪で体感していたのである。

　3月11日のこの日，この年度からいただいた科研費研究の執行を行おうと，本務校の生協ストアーで，職員の方と相談しながら物品購入をしていた。書類にサインをしていたまさにその時に「揺れ」を感じ，思わず顔を上げたところ

で生協職員の方と眼が合い「今揺れましたよね」と確認し合い，ちょうど見えるところにあった時計で「午後2時46分」であることを確認したのである。その後，大変な地震が起こったことを知った。

その夜，テレビにかじりついてこの東日本大震災についてNHKテレビニュースを観ていたところ，アナウンサーが「福島第一原子力発電所の非常用電源が津波のために停止しました」云々と淡々と話しているのを聞いて，これは大変なことになったのではないかと恐れた。やはりメルトダウンが起こってしまった。

この年の経営史学会全国大会は九州大学で開催された。この大会に参加したところ，橘川武郎先生も参加されていた。懇親会の際にご挨拶に伺ったとき，横にいらっしゃった九州大学吉岡斉先生をご紹介くださった。橘川先生，吉岡先生と何気なく歓談していると，徐に橘川先生は「今回の東電福島原発事故に対して反原発を主張してきた研究者のうち，自分の知りうる範囲では誰一人として，そら見たことかという人はおらず，大変なことが起こってしまったと頭を抱えている。われわれは歴史家だけど，二度とこんな事故を起こさないように努めなければならない」と強く話された。橘川先生は学会例会等では，明快に，しかし厳しい議論をされるものの，懇親会ではとても楽しくお話になる先生であるのだが，この時はそんな様子は微塵もお見せにならなかった。筆者もこの橘川先生の決意を聞き，改めて自らの研究に精進しようと決心した。

そして現在進んでいる電力システム改革である。あの東京電力福島第一原子力発電所事故を踏まえ，その教訓を生かして日本の電力システムは果たして前に進んでいるのだろうか。偶然が重なって本書を著すことになって，あの過酷な，いまだに爪痕を残しつづけている事故から教訓を得て，私たちは前に進んでいるのかを考えたいと思ったのである。

他方で，東電福島原発事故を経験したから，日本は今後は再生可能エネルギー開発を進めないといけないと私も考えてきた。ところが，本論で述べたようにその再生可能エネルギー開発に関わる問題に接し，本書でも扱った京丹後市の陸上風力発電開発のお話を伺って，その考えがいかに「直線的な思考」だったのかを思い知らされたのである。

考えてみれば，エネルギー開発という，無から有を生み出す行為がその周囲

に何の影響も与えないわけはない。だからこそ，エネルギー開発をして公益事業に生かす際は，当該の現地の関係者が状況を調べて把握し，対話を重ね，連携をして進めなければならないということを改めて痛感したのである。以上の問題意識のもとで，特に東電福島原発事故後に発表してきた，本書参考文献に掲載している複数の拙稿を本書各章のテーマに合わせて分割し，構成し直して本書が生まれた。

さて，筆者は歴史家ではあるが，大学院時代にご指導いただいた先生方，特に安井國雄先生と加藤邦興先生からは，歴史を扱う際も現在への視点，感性を忘れないようにと口酸っぱくご指導いただいた。そのご指導のおかげで，ヒアリング調査の重要性を感じて取り組んできた。現在もコロナ禍は続いているが，注意をしながらヒアリング調査を行っている。

本書を執筆するに当たっては，以下の方にヒアリング調査をさせていただき，ご相談させていただいた。五島ふくえ漁業協同組合理事熊川長吉様，福江商工会議所会頭清瀧誠司様，同専務理事山田肇様，五島市総務企画部未来創造課ゼロカーボンシティ推進班係長簗脇太地様，同主査川口祐樹様，生駒市地域活力創生部SDGs推進課課長補佐木口昌幸様，京丹後市市民環境部生活環境課ゼロカーボン推進室室長大木義博様，京丹後市丹後町上宇川連合区長・井上区長小倉伸様，京都自体問題研究所池田豊様，関西電力株式会社シニアリサーチャー西村陽様，北海学園大学名誉教授小坂直人先生，龍谷大学細川孝先生には大変お世話になった。末尾ながら心から御礼を申し上げます。

原発事故のあった福島県は落ち込んでいるばかりではない。例えば，岡本（2023）には，福島県の造り酒屋の皆さんがあふれんばかりの情熱をもって酒造りに取り組む姿が描かれている。それらのお酒は大変おいしい。東電福島原発事故から13年，日本の電力システムは，まだまだ改革途上である。読者の皆さんとともに，関心を持って注目していきたい。

2024年3月11日　大阪府羽曳野市の自宅にて。

〈参考文献〉

Next Report（2015）「勃興する地域新電力　顧客基盤は『地元愛』」『Nikkei Energy Next』2015年5月号，12-17頁

Next Report（2016）「業種・電源・料金から読み解く　小売電気事業者の実像」『Nikkei Energy Next』2016年6月号，14-17頁

Spaceship Earth（2022）「【SDGs未来都市】奈良県生駒市｜いこま市民パワーを軸に市民を巻き込むまちづくりを」https://spaceshipearth.jp/ikomashi/，2022/11/26

秋山信将（2015）「第1章　核兵器不拡散条約（NPT）の成り立ち」秋山信将編『NPT　核のグローバル・ガバナンス』岩波書店，1-38頁

朝日新聞取材班（2011）『生かされなかった教訓』朝日文庫

明日香壽川（2021）『グリーン・ニューディール』岩波新書

池尾伸一（2023）『魂の発電所』徳間書店

生駒市SDGs推進課（2023）「『いこま市民パワー』の取組　令和5年2月」

生駒市監査委員（2020）「生駒市監査委員告示第6号」https://www.city.ikoma.lg.jp/cmsfiles/contents/0000002/2612/02-01.pdf，2022/11/28

石黒愛（2017），「『シュタットベルケ』の運営と経営戦略」『海外電力』2017年7月号，52-61頁

石田哲一（1972）「事業認定判決の意義」下筌・松原ダム問題研究会『公共事業と基本的人権』ぎょうせい

石田哲也・野村宗訓（2014）『官民連携による交通インフラ改革』同文舘出版

石田雅也（2018）「自然エネルギー活用レポート No.10　浮体式の洋上風力発電で日本初の商用運転」https://www.renewable-ei.org/activities/column/img/pdf/20180111/column_REapplication10_20180111.pdf，2022/11/26

井関晶・井上雅晴・岩井博行・本名均・中井修一・西村陽（2020）「Discussion 自由化は何をもたらしたのか　草創期の第一人者たちが語る　電力制度改革の原点と未来」『エネルギーフォーラム』2020年12月，30-34頁

磯部達（2016）「インタビュー　みやまスマートエネルギー社長　磯部達氏　電気事業の収益で町づくり　次は自営線の商業化に挑む」『Nikkei Energy　Next』2016年5月号，4-5頁

伊藤剛（2012）『進化する電力システム』東洋経済新報社

伊藤元重（2013）「電力システム改革こそ，『民間投資を喚起する成長戦略』の最大のカギ」「DAIMOND online　2013年10月21日」https://diamond.jp/articles/-/43225，2023/08/27

入倉孝次郎（2008）「原子力発電所の新しい耐震指針の改訂と中越沖地震の教訓」http://www.kojiro-irikura.jp/pdf/anzenkougakusympo_irikura1.pdf，2012/01/03

浦島清一（2023）「自然豊かな丹後半島に大型風力発電　私たちの生活はどうなる」『住民と自治』2023年6月号，15-17頁

NHKメルトダウン取材班（2021）『福島第一原発事故の『真相』』講談社

大熊孝（2007）『洪水と治水の河川史（増補版）』平凡社

大熊由紀子（1977）『核燃料　探査から廃棄物処理まで』朝日新聞社

大阪ガス（2005）『大阪ガス100年史』

岡本進（2023）『世界でいちばん熱い日本酒』朝日新聞出版

大鹿靖明（2017）『東芝の悲劇』幻冬舎

落合誓子（2001）『原発がやってくる町』すずさわ書店

開沼博（2011）『「フクシマ」論　原子力ムラはなぜ生まれたのか』青土社

垣見裕司（2018）『最新　よくわかるガスエネルギー業界』日本実業出版社

角幡唯介（2006）『川の吐息，海のため息─ルポ黒部川ダム排砂』桂書房

傘木宏夫（2021）『再生可能エネルギーと環境問題』自治体研究社

加藤邦興（1977）『日本公害論』青木書店

金森絵里（2016）「第11章　変わる電力会社の役割」大島堅一・高橋洋編著『地域分散型エ
　　ネルギーシステム』日本評論社，239-258頁

軽部謙介（2018）『官僚たちのアベノミクス　─異形の経済政策はいかに作られたか』岩波
　　新書

環境エネルギー投資調査研究班（2023）『GXフィフティーン　脱炭素企業家たちの挑戦』
　　株式会社エネルギーフォーラム

関西電力株式会社（2002）『関西電力50年史』

木川田一隆（1992）「木川田一隆」『私の履歴書，昭和の経営者群像2』日本経済新聞社，
　　149-222頁

北村博司（1986）『芦浜原発はいま』現代書館

北村博司（2001）『原発を止めた町』現代書館

橘川武郎（2004）『日本電力業発展のダイナミズム』名古屋大学出版会

橘川武郎（2021）『災後日本の電力業』名古屋大学出版会

木舟辰平（2022）『電力システムの基本と仕組みがよ～くわかる本』秀和システム

京丹後市美しいふるさとづくり審議会（2022）「京丹後市長　中山泰殿宛　京丹後市にお
　　ける民間による風力発電事業の計画構想について（答申）令和4年1月17日」

経済産業省（2003）『電力需給の概要　2003年度版』

経済産業省（2023）「GX実現に向けた基本方針の概要」https://www.meti.go.jp/press/ss/
　　2022/02/20230210002/20230210002_2.pdf，2023/10/21

経済産業省/原子力安全・保安院（2002）「原子炉格納容器漏えい率検査の偽装問題に関す
　　る東京電力等による最終報告の評価結果について（平成14年12月24日）」http://www.
　　メートルeti.go.jp/report/downloadfiles/g21224d012j.pdf，2015/09/15

経済産業省商務情報政策局産業保安グループ（2022）「前田建設工業株式会社『(仮称) 丹後
　　半島第二風力発電事業に係る計画段階環境配慮書』に対する意見について」

原子力安全・保安院（2002）「原子力発電所における自主点検作業記録の不正等の問題に
　　ついての中間報告（平成14年10月1日））」http://www.メートルeti.go.jp/report/
　　downloadfiles/g21108b012j.pdf，2015/09/15

公益事業学会政策研究会（2023）『電力改革トランジション』日本電気協会新聞部

河野仁（2020）「メガソーラーの山林・山間への設置はなぜ起きているか」『環境技術』第
　　49巻第3号，120-123頁

河野通博（1988）「阪神工業地帯の経済地理的特質」河野道博・加藤邦興『阪神工業地帯』法律文化社，27-80頁

古賀邦雄（2021）『ダム建設と地域住民補償－文献にみる水没者との交渉誌』水曜社

小坂直人（2005）『公益と公共性—公益は誰に属するか』日本経済評論社

小坂直人（2013）『経済学にとって公共性とはなにか』日本経済評論社

小林健一（2021）『米国の再生エネルギー革命』日本経済評論社

小堀聡（2011）「第5章　エネルギー供給体制と需要構造」武田晴人『高度成長期の日本経済』有斐閣，169-204頁

小山堅（2012）「エネルギー・ベストミックスの連立方程式」『外交』第12号，42-48頁

斎間満（2002）『原発の来た町』南海日日新聞社

斎藤幸平（2020）『人新生の『資本論』』集英社新書

坂正芳（1998）「日本の電気料金水準を検証する，果たして電機料金は安いだけでよいのか」『月刊経済』第45巻第10号，58-61頁

迫田智沙・佐々木啓輔・山崎裕司・コン・ジョンヒ・濱崎宏則（2016）「五島市における浮体式洋上風力発電商用化の実現可能性に関する予備的考察」『長崎大学総合環境研究』第19巻第1号，22-32頁

佐藤工（2018）「『シュタットベルケ』のイノベーションと新ビジネス（ドイツ）」『海外電力』2018年7月号，32-46頁

資源エネルギー庁（2021）「市場価格高騰を踏まえたFIT制度上の制度的対応　2021年2月16日」https://www.meti.go.jp/shingikai/enecho/denryoku_gas/saisei_kano/pdf/024_01_00.pdf，2023/11/03

資源エネルギー庁（2022）「今後の供給力確保策について　2022年9月15日」https://www.meti.go.jp/shingikai/enecho/denryoku_gas/denryoku_gas/pdf/053_04_02.pdf，2023/11/03

資源エネルギー庁総合政策課（2012）『平成22年度（2010年度）におけるエネルギー需給実績（確報）』https://www.enecho.meti.go.jp/statistics/total_energy/pdf/stte_007.pdf，2024/02/21

衆議院科学技術振興対策特別委員会（1978）「第84回国会集議院科学技術振興対策特別委員会議録　第15号（1978年5月31日）」http://kokkai.ndl.go.jp/SENTAKU/syugiin/084/0560/08405310560015.pdf，2017/8/16

新日本出版社（2023）「特集　未来を拓くエネルギー政策へ　岸田GX批判」『経済』2023年12月号，21-85頁

鈴木猛康（2023）『増災と減災』理工図書

全国小水力利用推進協議会（2023）『小水力発電事例集2023』水のちから出版

総合資源エネルギー調査会原子力安全・保安部会 耐震・構造設計小委員会（2005）「第1回議事要旨　平成17年11月29日」https://warp.da.ndl.go.jp/info:ndljp/pid/2444841/www.meti.go.jp/committee/summary/0003245，2024/02/19

総合資源エネルギー調査会原子力安全・保安部会 耐震・構造設計小委員会 地震・津波，地質・地盤合同WG（2009）「第32回議事録（案）：平成21年6月24日」https://warp.da.ndl.go.jp/info:ndljp/pid/2444841/www.nisa.meti.go.jp/shingikai/107/3/033/33-5-2.pdf，2024/02/19

醍醐聰（2017）「東芝の不正会計と国策原子力ビジネス」『季論21』第37巻，163-174頁

高橋洋（2016）「第10章　進展する電力システム改革」大島堅一・高橋洋編著『地域分散型エネルギーシステム』日本評論社，215-237頁

竹内恒夫（2012）「エネルギー需給構造と今夏の節電の意味」『都市問題』第103巻第8号，4-10頁

竹内純子（2022）『電力崩壊』日本経済新聞出版

田中知・村上朋子・吉村真人（2009）「三菱重工，東芝，日立－日本メーカーは海外市場勝ち抜けるか」『エネルギーフォーラム』第55巻（第660号），22-27頁

田原総一朗（1986）『ドキュメント　東京電力企画室』文春文庫

中日新聞福井支社・日刊県民福井（2001）『神の火はいま』中日新聞社

帝国データバンク（2023）「特別企画：『新電力会社』事業撤退動向調査（2023年3月）　新電力195社がすでに『契約停止・撤退・倒産』」『帝国データバンク』2023年3月29日 https://www.tdb.co.jp/report/watching/press/pdf/p230309.pdf，2023/11/12

電力・ガス取引監視等委員会（2021）「電力・ガス取引監視等委員会の活動状況（令和2年9月～令和3年8月）（資料19）電力市場における競争状況」https://www.emsc.meti.go.jp/info/activity/report_06/20220309_21.pdf，2023/09/10

電力広域的運営推進機関（2023）「広域系統長期方針（広域連系系統のマスタープラン概要（2023年3月29日公表）」https://www.occto.or.jp/kouikikeitou/chokihoushin/files/chokihoushin_23_01_03.pdf，2023/09/01

電力システム改革専門委員会（2013）「電力システム改革専門委員会報告書」

東浦亮典（2013）「『郊外住宅地』再生への挑戦」『現在知vol.1　郊外その危機と再生』NHKブックス，219-256頁

東京ガス株式会社（1986）『東京ガス百年史』

東京ガス株式会社（1990）『天然ガスプロジェクトの軌跡』大日本印刷

東京電力株式会社（2002a）『関東の電気事業と東京電力』

東京電力株式会社（2002b）『関東の電気事業と東京電力　資料編』

東京電力株式会社（2009）平成21年3月期決算短信」http://www.tepco.co.jp/ir/tool/kessan/pdf/2008pdf/0903tanshin-j.pdf，2011/09/19

東京電力株式会社火力部（1984）『東京電力火力技術30年の歩み』

東京電力福島原子力発電所事故調査委員会（2012）『国会事故調報告書』徳間書店

東京電力福島原子力発電所における事故調査・検証委員会（2011）『中間報告』（2011年12月26日付），http://icanps.go.jp/111226HonbunHyoshietc.pdf.（2011年12月31日閲覧）

道満治彦（2023）「グリーンディールの前提としての再エネ政策」蓮見・高屋『欧州グリーンディールとEU経済の復興』文眞堂，261-290頁

戸田建設株式会社（2019）「パンフレット　崎山沖2MW浮体式洋上風力発電所」

豊田正敏・小林徹（1984）「日本における改良標準化と新形軽水炉の開発」『動力』（日本動力協会）第33巻（第164号・165号），49-65頁

豊田正敏（1993）「温故知新　応力腐食割れ対策」『日本原子力学会誌』第35巻第12号，11-19頁

内閣府原子力安全委員会（2006）「発電用原子炉施設に関する耐震設計審査指針 平成18年
　　9月19日決定」https://warp.da.ndl.go.jp/info:ndljp/pid/6018634/www.nsr.go.jp/
　　archive/nsc/shinsashishin/pdf/1/si004.pdf，2024/02/19

内藤克彦（2018）『欧米の電力システム改革―基本となる哲学―』化学工業日報社

中瀬哲史（2003）「1970年代半ば以降の日本の原子力発電開発に対する改良標準化計画の影
　　響」『科学史研究』第42巻（No.228），193-206頁

中瀬哲史（2005）『日本電気事業経営史 ― 9 電力体制の時代』日本経済評論社

中瀬哲史（2008a）「イギリスにおけるエネルギー自由化と日本への示唆」『経営研究』第58
　　巻第4号，145-166頁

中瀬哲史（2008b）「エネルギーベストミックスへの転換を―電力事業に負わされた課題」
　　『都市問題』第99巻第8号，50-60頁

中瀬哲史（2011）「日本の電力システムと電力融通の歴史的経緯」『都市問題』第102巻第6
　　号，47-55頁

中瀬哲史（2012）「国土交通省黒部川河川事務所ヒアリングノート（2012年11月6日））」

中瀬哲史（2013a）「東電福島原発事故が問いかけたエネルギーベストミックスと環境適合
　　性」『公営企業』第44巻第10号，13-25頁

中瀬哲史（2013b）「東電福島第一原子力発電所事故と「歴史的考察」の危機（日本の原子力
　　発電の歴史と東電福島第一発電所事故，日本科学史学会創設70周年記念シンポジウム，
　　2012年度年会報告）」『科学史研究』第Ⅱ期，第52巻第265号，16-19頁

中瀬哲史（2016）『エッセンシャルズ経営史』中央経済社

中瀬哲史（2017）「飯田市と環境統合型生産システム」『経営研究』第68巻第1号，1-18頁

中瀬哲史（2018a）「公益性と経営学：公益事業の「変質」についての一考察」『同志社商学』
　　第69巻第5号，695-725頁

中瀬哲史（2018b）「日本における原子力発電のあゆみとフクシマ」原発史研究会編『日本
　　における原子力発電のあゆみとフクシマ』晃洋書房，125-160頁

中瀬哲史（2019）「環境統合時代の電気事業」中瀬哲史・田口直樹編著『環境統合型生産シ
　　ステムと地域創生』文眞堂，73-92頁

中瀬哲史（2020）「8.電力業」阿部猛・落合功・谷本雅之・浅井良夫『郷土史体系　生産・
　　流通（下）』朝倉書店，304-309頁

中瀬哲史（2023a）「脱炭素プラス脱原発の社会に向けたエネルギー分野における挑戦と模
　　索」『日本経営学会誌』第53号，5-15頁

中瀬哲史（2023b）「京丹後市調査ノート　2023年8月9日・10月20日」

中瀬哲史（2023c）「電力システム改革を考える：脱「自由化」・脱原発・脱炭素社会への模
　　索」『経済』第339号，73-85頁

新島洋（2000）『青い空の記憶』教育史料出版社

西村陽（2017）「エネルギー市場競争と顧客サービス」木船久雄・西村陽・野村宗訓『エネ
　　ルギー政策の新展開』晃洋書房，131-151ページ

西村陽・戸田直樹・穴山悌三（2022）『未来のための電力自由化史』日本電気協会新聞部

西村康稔（2023）「GXの決意　実行会議が『司令塔』の機能　日本の技術で世界をリード
　　する」『週刊エコノミスト』2023年8月1日号，19頁

ニチガス（2011）「ニチガスストーリー」http://www.nichigas.co.jp/human/recruit/story/st_1.html，2011/04/26

日経エネルギーNext研究会（2022）「JEPX便り　電気料金値上げは不可避，小売電気事業者の役割を改めて問う　2022/03/30　07：00」https://project.nikkeibp.co.jp/energy/atcl/19/feature/00003/00022/，2024/01/29

日経ビジネス（2023）「落日の大手電力　再生へ瀬戸際の抗戦」『日経ビジネス』2023年7月17日，34-43頁

日経ものづくり（2003）「『東京大停電』取りあえず回避　今後の安定供給に課題残す」『日経ものづくり』第585号，23-24頁

日本卸電力取引所（2019）「日本卸電力取引所取引ガイド（2019年1月22日更新）」https://www.jepx.jp/electricpower/outline/pdf/Guide_2.00.pdf?timestamp=1708529231200，2024/0219

日本ガス協会（1997）『日本都市ガス産業史』

日本経済再生本部（2013）「第6回日本経済再生本部　議事要旨」https://www.kantei.go.jp/jp/singi/keizaisaisei/dai6/gijiyousi.pdf，2023/08/27

日本原子力文化振興財団（2013）『平成24年度原子力利用に関する世論調査の結果について』http://www.aec.go.jp/jicst/NC/iinkai/teirei/siryo2013/siryo23/siryo1.pdf，2016/10/06

日本ダム協会（2017）「ダム便覧2010　下筌ダム（元）」(http://damnet.or.jp/cgi-bin/binranA/All.cgi?db4=2775，2017/05/09)

布目駿一郎（2008）「虎の尾を踏む東芝『原子力覇権』構想の危うさ」『エネルギーフォーラム』2008年6月号，35-37頁

ネットワーク・ビジネス研究会（2004）『ネットワーク・ビジネスの新展開』八千代出版

林紘一郎・田川義博（1994）『ユニバーサル・サービス』中公新書

原科幸彦（2022a）「第1章学長プロジェクトへの狙いとSDGs」千葉商科大学学長プロジェクト『SDGsと大学　自然エネルギー100％大学の挑戦』CUCサポート，3-22頁

原科幸彦（2022b）「第6章環境・エネルギー　6-1　日本発の『自然エネルギー100％大学』」千葉商科大学学長プロジェクト『SDGsと大学　自然エネルギー100％大学の挑戦』CUCサポート，268-281頁

樋川和子（2015）「第4章　核不拡散と平和利用」秋山信将編『NPT　核のグローバル・ガバナンス』岩波書店，105-132頁

福島原発事故独立検証委員会（2012）『調査・検証報告書』ディスカヴァー・トゥエンティワン

北海道電力株式会社（1982）『北のあかり』

真下俊樹（2017）「アレバの経営破綻とフランス原子力産業の今後」『原子力資料情報室通信』第518号，6-9頁

松村敏弘（2023）「電力システム改革　残された課題（上）」『日本経済新聞』2023年5月24日朝刊

神子田章博（2022）「NHK解説委員室　うちの電気は大丈夫〜"新電力"経営悪化の背景　2022年6月6日」https://www.nhk.or.jp/kaisetsu-blog/100/469457.html，2023/11/12

森摂・大島堅一・高村ゆかり・原科幸彦・宮本憲一・山下英俊・佐無田光（2021）「日本の脱炭素戦略をどう読むか」『環境と公害』第51巻第2号，25-32頁

森武徳（2010）『脱ダム，ここに始まる』創流出版

諸富徹（2018）『人口減少時代の都市　成熟型のまちづくりへ』中公新書

安田陽（2016）「第6章　再生可能エネルギー普及と電力系統の技術的課題」大島堅一・高橋洋編著『地域分散型エネルギーシステム』日本評論社，115-146頁

安田陽（2017）「第6章　系統連系問題」植田和弘・山家公雄『再生可能エネルギー政策の国際比較』京都大学学術出版会，195-236頁。

山家公雄（2010）『迷走するスマートグリッド』エネルギーフォーラム

山岸一夫（2011）「電力負荷平準化とGHPの役割」『GAS21』第13号，73-79頁

山岸尚之（2016）「第12章　脱炭素化における地域分散型エネルギーシステム」大島堅一・高橋洋編著『地域分散型エネルギーシステム』日本評論社，259-280頁

山口博・次世代系統懇話会（2023）『電力系統進化論』日本電気協会新聞部

山口正康（2009）『炎の産業『都市ガス』』エネルギーフォーラム社

山崎康志（2010）「米国のタブーを破った東芝『原子力事業』の舞台裏」『Zaiten』第54巻第10号，44-47頁

山田光（2015）「欧州で始まった地殻変動　配電のICT化でパラダイムシフト」『Nikkei Energy Next』2015年8月号，30-31頁

柳田邦男（2014）「深掘取材から生み出された記録と提言」福島民報社編集局『福島と原発2』ⅰ頁

ヤノ・レポート（2006a）「エリア別にみるオール電化住宅普及状況〈1〉～北海道・東北・関東エリア～」『ヤノ・レポート』2006年11月10日号，1-10頁

ヤノ・レポート（2006b）「エリア別にみるオール電化住宅普及状況〈2〉～北陸・中部・近畿エリア～」『ヤノ・レポート』2006年12月10日号，1-10頁

ヤノ・レポート（2007）「エリア別にみるオール電化住宅普及状況〈3〉～中国・四国・九州エリア～」2007年1月25日号，11-20頁

吉岡斉（2011）『原発と日本の未来』岩波ブックレット

吉岡斉（2012）「脱原発工学の構想」『一橋ビジネスレビュー』第59巻第4号，34-46頁

読売オンライン（2011）「オール電化住宅，普及裏目…原発2基分の消費増（2011年3月23日14時42分）」http://www.yomiuri.co.jp/atmoney/news/20110323-OYT1T00569.htm，2012/03/13

渡邉満昭（2018）「わが街づくり『日本版シュタットベルケ』の実現に向けたエネルギー地産地消都市みやま：エネルギーとしあわせの見えるまちを目指して」『都市環境エネルギー』Vol.120，25-29頁

索　引

【著者紹介】

中瀬　哲史 (なかせ・あきふみ)

1963年東大阪市（旧布施市）生まれ。
1995年大阪市立大学大学院経営学研究科後期博士課程修了。博士(商学)。
現職：大阪公立大学（前大阪市立大学）大学院経営学研究科教授
職歴：高知大学人文学部助教授を歴任。
研究分野：経営史，公益事業論，産業集積史。
主著：単著『エッセンシャル経営史』(中央経済社，2016年)『日本電気事業経営史－9
電力体制の時代－』(日本経済評論社，2005年)，共著に，『環境統合型生産システムと
地域創生』(文眞堂，2019年)，『日本における原子力発電のあゆみとフクシマ』(晃洋
書房，2018年)，『産業の再生と大都市』(ミネルヴァ書房，2003)，『産業集積と中小
企業』(創風社，2000)，『近代大阪の行政・社会・経済』(青木書店，1998)。

日本の電力システムの歴史的分析
──脱原発・脱炭素社会を見据えて

2024年6月1日　第1版第1刷発行

著　者　中　瀬　哲　史
発行者　山　本　　　継
発行所　㈱中央経済社
発売元　㈱中央経済グループ
　　　　パブリッシング

〒101-0051　東京都千代田区神田神保町1-35
電話　03 (3293) 3371 (編集代表)
　　　03 (3293) 3381 (営業代表)
https://www.chuokeizai.co.jp
印刷／文唱堂印刷㈱
製本／有井上製本所

©2024
Printed in Japan

＊

ベーシック＋ プラス
Basic Plus

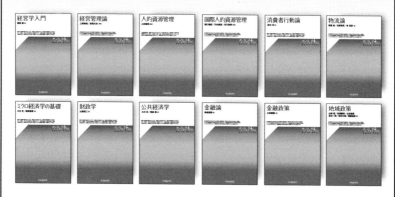

経営学入門	経営管理論	人的資源管理	国際人的資源管理	消費者行動論	物流論
ミクロ経済学の基礎	財政学	公共経済学	金融論	金融政策	地域政策

経営学入門	人的資源管理	経済学入門	金融論	法学入門
経営戦略論	組織行動論	ミクロ経済学	国際金融論	憲法
経営組織論	ファイナンス	マクロ経済学	労働経済学	民法
経営管理論	マーケティング	財政学	計量経済学	会社法
企業統治論	流通論	公共経済学	統計学	他

いま新しい時代を切り開く基礎力と応用力を
兼ね備えた人材が求められています。
このシリーズは，各学問分野の基本的な知識や
標準的な考え方を学ぶことにプラスして，
一人ひとりが主体的に思考し，行動できるような
「学び」をサポートしています。

Let's
START!

学びにプラス！
成長にプラス！
ベーシック＋で
はじめよう！

中央経済社